小布施まちづくりのセンス

——二人の市村

自然電力株式会社 代表取締役

磯野 謙

はじめに

　人間のセンスは、偶然の出会いの積み重ねによってできあがってくるものなのかもしれません。

　私は30歳の時に、小布施のまちづくりをリードしてきた市村良三さん、市村次夫さんの二人に出会ったことで、生きること・働くことの価値観が大きく変化しました。二人は同い年でいとこ同士です。運命的な強い絆で結ばれた二人は、幼い時には同じ屋根の下で暮らし、大学に進学するまでほとんど同じ道を進みました。それぞれ民間企業に就職し、しばし別々の道を歩みますが、二人とも30歳前後で家業を支えるために小布施に戻ってきました。合流した二人は、1980年代に始まる町並み修景事業をはじめとする、全国に注目され高く評価されるまちづくり事業に力を尽くしてきました。

　もちろん、小布施のまちづくりは、二人だけでなく、多くの人々の力によってなされてきたものです。しかし、二人の市村さんの存在がなければ、いまの小布施は、別の姿になっていただろうとも思います。古いものの良さを残しながら、美しい町並みをつくる。住んでいる人も外から来る人もわくわくする町をつくる。そのまちづくりのプロセスと、その結果として生まれた美しい小布施の町並みには、研ぎ澄まされたセンスを感じます。

私はこれまで 70 以上の国や地域に足を運んできましたが、世界を見渡しても、二人が持つ、未来を描き、周囲の人々の共感を得ながら、描いた未来像を実現させていく力は、群を抜くものがあると日々実感しています。二人とのお付き合いは 10 年以上になりますが、毎回お会いするたびに、いまなお常に変化を受け入れ、その感性をアップデートされていることにも驚かされます。このような世界にも通じる市村さんたちの感性が、なぜ小布施という小さな田舎町で生まれたのかを知りたくなりました。

　まちづくりのセンスというのは、一朝一夕で簡単に身につくものではないと思います。しかし、二人がこれまでの人生で、どのように考え、学び、行動したかを見ていくことで、そのセンスの磨き方の秘密がわかるかもしれないと考え、二人へのインタビューをまとめるプロジェクトを始めました。当初は、私なりに「まちづくりのセンスの磨き方」を整理することを目的とした、とても個人的な動機で始まったプロジェクトでした。

　しかし、インタビューを進める中で、二人をめぐる物語は、様々なローカルの現場でがんばる人にとって、大きなヒントになるのではないかと考えるようになりました。日本の地方に行くと、「自分の町は田舎だから何もない」と卑下する言葉を使う人に多く出会います。しかし、その土地にはそれぞ

れの歴史や暮らしがあり、その積み重ねが文化になっています。私は二人に出会って、その土地固有の文化は他の地域の誰にも真似ができない豊かな資源であるということや、経済を超えた文化的価値の重要性について教えていただきました。そして、交通網やデジタル技術の発達により、世界中の情報が瞬時に手に入る時代にも、その土地に深く入っていくことでこそ、見えるものや生み出せる価値があることも学びました。私が二人の市村さんから学んだことが、日本はもちろん、世界各地のローカルでがんばる人たちのヒントになればと考え、このたび、本としてまとめることになりました。

　気候変動、格差、資本主義、民主主義……過去100年で培われてきた社会は、大きな転換期を迎えています。ただ、時間軸を数百年にして考えれば、このような大きな変化は常に起きています。パンデミックも、江戸時代には数十年に一度起きていました。どの時代であっても、人はいま自分が生きる時代がいちばん大きな転換期だと感じていたに違いありません。

　しかし、どの時代も自立した「個」が、自分が生まれ育った場所に誇りを持ち、前向きに新たな行動を起こしていくことで、新たな人が集まり、その土地の価値を生んできたのではないでしょうか。

　ビジョン（Vision）の英語の語源は、vis「見る」-ion「こ

と、もの」であり、未来を描くことを意味します。そして、よいビジョンとは、そこにセンスや知性を感じられるものだと思います。よいビジョンを描き、そこに共感するいい人材を集め、資金を最適配分し、実行していく。それは、国家でも地域でも企業でも、人類の歴史で共通する営みだと思います。その意味では、この本に書かれていることは、ローカルでまちづくりに関わる人だけでなく、日々ビジネスの現場で事業を前に進めようとしている人にとっても、大きなヒントになるのではないかと思います。

　世界的には、日本の文化的価値への評価と期待は、日に日に高まっていると感じます。二人の市村さんは、世界に通用するビジョンを、40年も前に描き、行動で示してきました。二人のセンスが生まれた背景を深掘りしたこの本が、手にとっていただいた皆さんにとって、よりよい取り組みや行動につながるヒントになれば幸いです。

小布施
まちづくり
のセンス
―二人の市村

目次

はじめに　1

1
なぜ、小さな町に年間120万人以上が訪れるのか？ ——————— 8

Section 1　小布施町とは？　13
Section 2　まちづくりの歴史　17
Section 3　現代のまちづくり　32

2
二人の市村 ——————— 50

Section 1　誕生から青年期　55
Section 2　町並み修景事業　74
Section 3　小布施堂のまちづくり　83
Section 4　協働と交流のまちづくり　96

3
まちづくりのセンスを磨くヒント ——————— 106

01　持てる力のすべてを地域に注ぐ　108
02　アンチテーゼから考える　110
03　合意形成のため、対話を重ねる　112
04　歴史の精神に学ぶ　115
05　旅をして、本物を見る　118
06　地元の木や土、石を使う　120
07　伝統に新しさを加える　123

08 「地」を生かす 126

09 風景を観察する 128

10 前例がないことを目指す 131

11 絵や言葉で、ビジョンを共有する 134

12 自分たちが住んでいて、楽しい町をつくる 136

13 業界の慣習に従わない 139

14 客人をもてなし、交流する 143

15 人が輝く瞬間を応援する 145

16 世代間の交流をする 147

17 知恵や情熱がある人を引き寄せる 151

18 たったいまの価値観で判断しない 153

19 二人で役割を分担する 156

4 「インフラ」を自分たちの手で
160

Section 1 エネルギーの自給自足を模索 162

Section 2 環境防災先進都市を目指して 164

Section 3 道の再構成―車中心の道路から、人中心の道へ 166

Section 4 小布施らしい道空間とは？ 171

Section 5 世界最先端のまちづくり 175

**おわりに
文化とは Way of Life の集大成** 177

もっと知りたい時に読む本 182

1

なぜ、小さな町に年間120万人以上が訪れるのか？

小布施のまちづくりの立役者である市村良三、市村次夫の二人について語る前に、まずは小布施の魅力とその歴史をひも解いてみたい。

長野県北部に位置する小布施町（まち）は、人口約 11,000 人の小さな町。小布施はかつて、人口減少に悩む、何の変哲もない田舎町だった。さびれた土地を表現する「寒村（かんそん）」と呼ぶ人さえいた。全国的に知られる名所旧跡や景勝地もない。

それにもかかわらず、40年ほど前から始まったまちづくりをきっかけに、年間120万人以上が訪れる町へと変貌（へんぼう）をとげる。そして、先進的なまちづくりに取り組む町として全国的に知られるようになった。なぜ、小さな田舎町に多くの人たちが引きつけられるのだろう？ そこでは、どんな先進的な取り組みが行われてきたのだろうか？

上空から見た秋の小布施。正面に見える雁田山（かりだやま）は町のシンボル的な存在だ。中央のオレンジ色の建物は町役場庁舎。周辺部の緑は、主にリンゴ、ブドウ、モモ、栗などの果樹地帯。
©s.s/PIXTA

千曲川の堤防沿いの桜堤は、4月下旬〜5月上旬になると八重桜の見頃を迎え、花見を楽しむ人々でにぎわう。© 畔上広行

北斎館と髙井鴻山記念館をつなぐ栗の小径。表通りから1本入った路地の散策を静かに楽しむことができる。

Section 1
小布施町とは？

住む人も訪れる人も心地よい、コンパクトシティ

　小布施の年間の最高気温は 35℃、最低気温はマイナス15℃。寒暖の差が激しく、雨が少ない内陸性気候で、四季の変化がはっきりしている。

　その面積は長野県内にある 77 市町村の中でも最も小さい。半径約 2 km の円の中にすべての集落がすっぽり入ってしまうコンパクトシティだ。

　中心市街地には、葛飾北斎の肉筆画を多く収蔵する美術館「北斎館」や、栗菓子屋、酒蔵などが立ち並ぶエリアがある。小布施の「顔」ともいえるこの象徴的なエリアは、1980 年代に「町並み修景事業」によって整備された。住む人も訪れる人も心地よく過ごせる町並み空間では、路地の散策を楽しむ来訪者の姿が見られる。

晩夏、たわわに実った小布施栗の農園。あと50日ほどで収穫を迎える。

松葉屋本店は、創業200年以上の歴史をもつ酒蔵。酒米を蒸す時に使われていたオレンジ色のレンガ煙突がひときわ目を引く。© 松葉屋本店

四季の移ろいが美しい農村

　にぎやかな中心市街地から少し歩くと、美しい自然や農村風景が広がる。町の東側には、四季折々の表情を見せながら穏やかに横たわる雁田山がある。雁田山の両裾を東西に篠井川と松川が流れ、千曲川へと注ぐ。千曲川は、やがて新潟県へと流れ、信濃川に名前を変えて日本海へと注ぐ、日本でいちばん長い川だ。こうした一つの山と三つの川によって、境界が明確に区切られているのが小布施の地形の特徴といえる。

　来訪者が多いことで知られる小布施だが、昔からその基幹産業は農業である。特に、リンゴやブドウなどの果樹栽培が盛んで、夏から秋にかけて様々な果樹が実る風景が見られる。中でも特産の小布施栗は 600 年以上の歴史を持ち、江戸時代には将軍への献上品とされるなど、その質の高さが知られている。

　小さな町には珍しく、町内に 4 軒の造り酒屋がある。そのうちの 1 軒は戦後、日本酒からワイン醸造に舵を切った「小布施ワイナリー」で、このワイナリーを代表する銘柄「ドメイヌ ソガ」は世界的な評価を得ている。同社の公式サイトには「ブルゴーニュのような小さいワイナリーであること、自社農場産ワイン専用葡萄 100％ 使用であること、輸入ワインを一切混ぜない自製酒 100％ を守り続けていることが小布施ワイナリー『ドメイヌ ソガ』の誇りです」と記されている。

小布施の南側を流れる松川。川の石や砂に硫黄鉄が付着して赤茶色に見える。小布施の家屋に多く見られる黄色みがかった色合いの砂壁は、松川の砂を混ぜたもの。

Section 2
まちづくりの歴史

　ここからは時代の流れに沿って、小布施のまちづくりの歴史を見ていこう。歴史を知ると、地域のことがより深く理解できるようになる。ここで言う「歴史」とは、学校で教わる日本史のことではなく、その土地の歴史のこと。二人は、土地に流れる歴史を掘り下げ、その精神性をつかみとり、まちづくりに生かしてきた。この姿勢も、私が二人に教えてもらったことの一つだ。二人のセンスを育んだ源泉には、小布施の歴史がある。

小布施らしさを育んだ「命の川」

　まずは、小布施の地形に改めて注目したい。小布施は、町の南側を流れる松川が長い年月に氾濫を繰り返すことで形成された扇状地だ。松川を流れる水は酸性が強く、魚がすめない、いわば「死の川」だ。強酸性の水は米づくりに向かない。
　そうした厳しい条件下で先人たちが栽培を始めたものの一つが、現在も町の特産品となっている「小布施栗」だ。松川の氾濫がもたらした酸性の砂地土壌が、栗の栽培に適してい

たようだ。室町時代にはすでに栽培されていたという小布施栗は、江戸時代には将軍への献上品になるほど高い品質だった。江戸時代末期に、栗落雁や栗ようかんなどの栗菓子が発明されると、現在の地場産業につながる栗菓子屋が生まれた。生き物がすめず、米も育ちにくい「死の川」こそ、小布施らしい産業や文化を育んだ「命の川」であった。

かつて「黄金島」とも呼ばれた千曲川の河川敷。現在も菜の花のじゅうたんが広がり、小布施に春の訪れを告げる。背景の北信五岳には、まだ残雪が見える。

物や人が行き交うターミナル

　さらに、江戸時代後期以降になると、酸性の土壌でも栽培できる綿花や菜種などの商品作物の生産が盛んになった。小布施の人々は付加価値を高めるため、栽培した菜種を搾って菜種油に加工したり、綿花から作った綿を紡いで反物にしたり、商品化に力を注いだ。それらの商品を高く買ってくれる江戸や北陸などに売りに行き、財を成したことで、豪農や豪商が生まれた。小布施は、他の農山村と比べて、開放的な雰囲気があるといわれることが多いが、外の地域と交易をしてきた歴史とも関係があるのかもしれない。

地元の画家 小林聖花の手により、江戸時代に小布施で開かれていた六斎市のにぎわいが絵に再現された。© 小林聖花

市神様は、いまも谷街道と谷脇街道が交差する場所に建ち、小布施を見守っている。
（撮影 大井川茂兵衛）

小布施は 18 世紀後半から 19 世紀後半までの約 100 年間、華やかな繁栄の時代を迎える。江戸時代に様々な街道が整備されたが、小布施は主要な街道が交差する位置にあった。さらに江戸時代中頃からは、新潟との間で物資を運ぶ千曲川の水運が盛んになった。千曲川の中でもゆったりとした川幅を持ち、江戸と通じる街道へとつながる小布施の河岸は大いに栄え、舟で大量の物資が運び込まれるようになった。

　そうして小布施は、多くの人や商品、諸国の情報が集まり、北信濃地域の社会経済活動の中心地に成長していった。3 と 8 がつく日に、月 6 回開かれていた「六斎市」は、18 世紀後半には北信濃地域最大のマーケットとなり、にぎわいを見せた。

　現在では、その面影をいまに伝える伝統行事「安市」が毎年 1 月 14 日・15 日に、町の中心部にある皇大神社で行われている。この 2 日間は、神社の境内に縁起物のだるまや熊手を売る店が立ち並び、多くの人々でにぎわう。

　いまでも町の中心部には、商いの隆盛と人々の幸せをもたらすと信じられている「市神様」がまつられている。

「安市」の日は、小布施の小中学校は休校になる。無病息災を願う火渡り神事はお祭りのハイライトの一つ。Ⓒ小布施町商工会

高井鴻山記念館。鴻山に関する資料や書画作品とともに当時の面影を感じさせる建物が保存されている。

　　1　なぜ、小さな町に年間 120 万人以上が訪れるのか？

交流から生まれた文化

　江戸時代末期、経済的に成功した小布施の豪農・豪商たち
は、江戸や京都などの進んだ文化を積極的に取り入れようと
した。そこで様々な文人墨客を小布施に招き、お寺や自宅で
サロンを開き、句会や漢詩の会などを開くようになった。小
布施の六川地区には、豪農・豪商、寺の住職などが集い、俳人・
小林一茶などと頻繁に交流していた記録が残っている。そう
して小布施では、詩歌、絵画、書、舞踊など当時の最先端の
文化が広がっていった。

　同時代に、小布施に高井鴻山という人物が生まれた。鴻山
は、市村良三、次夫の同族にあたる。二人のまちづくりのセン
スの源には、鴻山の存在が深く関わっているのが感じられ
る。

　鴻山が生まれた高井家は、六斎市などでの商売を通して、
北信濃きっての豪農・豪商になった。小布施を拠点に、江戸
や京都・大坂、北陸、瀬戸内まで手広く商いを営んでいた。

　鴻山は 15 歳から 16 年間、京都や江戸に遊学。各界の第一
人者に学問や芸術を学んだ。そこで幅広い人脈を築いた鴻山
は、父の死により 31 歳で小布施に戻った。高井家当主になっ
た鴻山は、自宅に「翛然楼」（現・高井鴻山記念館）と呼ば
れる書斎兼サロンを造り、江戸や京都から思想家や芸術家を
招いて交流した。さらに、飢饉の時には蔵を開いて困窮者を

「富士越龍」は北斎が晩年に描いた肉筆画代表作の一つ。北斎が亡くなってから高井鴻山が
入手した。その後、持ち主は転々としていたが、北斎館が海外から買い戻した。

救ったり、明治維新後には東京や長野に私塾を開いたりする
など、陽明学の「知行合一」の精神のもと、「国利民福（国
の利益と人々の幸福）」の信条を貫いた人だった。

北斎との出会い

　鴻山は、晩年の葛飾北斎を小布施に招いたことでも知られ
ている。83歳で初めて小布施を訪れた北斎は、90歳で亡く
なるまで数回にわたって小布施を訪れ、滞在している。鴻山
は、北斎のために自邸内にアトリエを用意し、手厚くもてな
した。北斎は、小布施での滞在中に、後に世界的な評価を得
る貴重な肉筆画の数々を残している。

　二人の出会いのきっかけは、小布施に本店があり日本橋で
呉服商を営んでいた「十八屋」の紹介だったといわれている。
北斎は鴻山より46歳も年上で、当時は江戸の人気絵師だっ
た。その北斎がわざわざ小布施を訪ねたのは、鴻山に人間的
な魅力を感じたからではないだろうか。北斎は鴻山を「旦那
様」と呼び、鴻山は北斎を「先生」と呼んで、互いに敬い、
年齢を超えた友情を育んだという。

新生療養所は結核患者の減少を受けて、1968（昭和43）年に新生病院に改称。現在では総合病院として地域の医療を支えている。©New Life Hospital

繁栄の終わりと西洋文化との出会い

　明治時代に入ってからも、小布施の先進的な挑戦は続いた。1873（明治6）年には、欧米に輸出する生糸を生産するため、長野県下で初めてとなる製糸工場が創業するなど、工業化が進む時代の流れをいち早くつかんだ。

　しかし、隣の須坂市で製糸業が急速に発展したことにより、この地域の経済活動の中心地は、須坂市に移っていった。また、産業革命や交通革命が進み、町の商業を支えた六斎市などのマーケットも次第に衰退していった。小布施は経済的に厳しい時代を迎え、次第にごく普通の農村へと変わっていった。

　そうした状況下でも、小布施が持つ新しい変化を受け入れる気風は失われることなく、この地域に流れ続けていた。

　1932（昭和7）年にはカナダ聖公会によって、結核患者を受け入れる「新生療養所」がつくられた。当時、日本で猛威をふるっていた結核は死因のトップであり、不治の病として忌み嫌われていた。結核患者のための療養所建設は、様々な地域で反対運動に遭い、なかなか進まなかった。その中で、小布施は34番目の候補地だった。

　雨が少なく乾燥した空気の小布施は、結核療養所の好適地。しかし、小布施でも結核の感染を恐れる住民たちの反対運動が起きた。半年余り激論が交わされた末に、当時の村長が最

終的に受け入れを決断した。

　療養所が開設されると、スタッフとしてカナダ人などの外国人が小布施にやって来た。当時はいまと比べて、海外からの情報が少ない時代。彼らの洗練された生活様式や献身的な働きぶりを目の当たりにした小布施の人々は、驚きとともに大きな刺激を受けたという。

よそ者を大切に

　1939（昭和14）年に第二次世界大戦が始まり、次第に戦況が激化すると、小布施にも都市部から多くの疎開者がやって来るようになった。小布施に疎開してきた人々の中には、日本画家や作詞家などの文化人が多くいた。そうした疎開者をよそ者として排除したり、単なるお客様として迎えたりするのではなく、住民の一人として受け入れ、ともに協働した様子がいまに伝えられている。

　1945（昭和20）年、敗戦後まもない小布施では「これからは文化を盛り上げていこう」と考えた地元の人々が、疎開していた文化人たちと共に、小布施文化協会を立ち上げている。さらに、戦後の民主化の中で公民館ができると、初代公民館長には地元の人ではなく、疎開者であった童謡作詞家の林柳波が選ばれた。江戸時代に北斎を迎えた鴻山のように、

小布施の人々は外から来た新しい人がもたらす変化を受け入れ、文化を大切にした。その気風は、その後のまちづくりにも受け継がれていく。

　1992（平成4）年、「おぶせミュージアム・中島千波館」が開館した。千波は、小布施に疎開していた日本画家 中島清之夫妻の子息として、小布施に生まれた。千波・美子夫妻は開館から30年を経たいまも、千波が名誉教授を務める東京芸術大学の教え子たちと共に企画展を開催するなど、館の運営に尽力している。

中島千波展のオープニングセレモニーで並ぶ（左から）良三町長、千波・美子夫妻（2017年10月）。

Section 3
現代のまちづくり

人口減少の危機

　明治時代以降、ごく普通の農村だった小布施は、高度経済成長期に急激な過疎化と人口減少の危機に直面した。若者を中心に都市部への人口流出が激しくなり、1950（昭和25）年に11,000人近かった小布施町の人口は、1970（昭和45）年には9,600人台にまで減少した。その危機にリーダーシップを発揮したのが、次夫の父 市村郁夫である。

　郁夫は、1969（昭和44）年に町長に就任すると、まちづくりの基本方針として「農業立町」と「文化立町」を宣言した。人口減少に歯止めをかけるため、「財団法人小布施町開発公社」を設立し、宅地造成を行った。当時、小布施に新しい宅地を造っても人は移り住まないのではないかと懸念する声もあった。しかしその予想に反して、新しく造成した宅地は発売してほどなく完売した。その結果、1972（昭和47）年には町の人口は10,000人台に回復した。

北斎館の建設

　1976（昭和 51）年、町長だった郁夫が主導して、宅地を分譲して得た余剰金によって、美術館「北斎館」が建設された。1966（昭和 41）年にソビエト連邦のプーシキン美術館などで「葛飾北斎展」が開催されるなど、北斎の世界的な評価が確立しつつあった。

　北斎ブームが巻き起こる中で、小布施に東京や海外から画商が買いつけに訪れるようになり、小布施に残る北斎作品は散逸の危機にさらされていた。そうした状況の中で、北斎作品の収蔵、町民への意識喚起、調査研究、作品の一般公開を目的として、北斎館が開館した。

　当時、地方の美術館はまだ珍しく、メディアには「田んぼの中の美術館」と評された。「こんな田舎にたくさんの人が来るはずがない」という大方の予想を裏切り、開館した年に34,000 人の来場者を迎えた。さらに北斎館の入館者は年々増加し、町に多くの人々が訪れるきっかけになっていった。

→　2·Section 1（P68）へ

高井鴻山が私財を投じてつくりあげた北斎館収蔵の上町祭屋台（かんまちまつりやたい）は、長野県宝にも指定されている。© 北斎館

上町祭屋台の天井に北斎が描いた「怒濤図」の「男浪（上）」「女浪（下）」。その周辺を彩る
額絵は北斎の下絵を基に鴻山が彩色した。
© 北斎館

栗菓子屋の躍進

　当時の小布施には、栗菓子を製造する会社が複数あったものの、来訪者が立ち寄れるようなカフェやレストランはなかった。北斎館開館に先立つ5年前の1971(昭和46)年、モータリゼーションが進む中で、栗菓子屋の竹風堂が社会の変化を見極めていち早く手を打った。民芸調のレストランを開業し、独自に開発した栗おこわを提供するようになった。

　北斎館が開館し、来訪者が増えてくると、栗菓子屋などの民間企業が中心となり、北斎館周辺にレストランや小売店が次々と開業した。北斎館で美術鑑賞をした後、町を散策して、栗おこわを食べ、お土産に栗菓子を買うというように、いくつもの楽しみ方ができるようになり、来訪者はさらに増加していった。

町並み修景事業

　1980年代になると、現在の小布施の「顔」ともいえる北斎館周辺の町並み修景事業が始まった。民間主導で行われたこの事業によって、北斎館北西の約1.6haの土地に、心地よい町並み空間が形成された。この事業を主導したのが、当時30代で小布施堂を継いだ良三と次夫の二人だった。

→ 2・Section 2（P74）へ

景観への意識の高まり

　民間が主導して進める町並み修景事業の手法は前例がなく、「小布施方式」と呼ばれた。美しい町並みは、全国的に高い評価を受けた。外から高い評価を得たことで、地元住民の景観に対する意識が高まり、町の中には景観に配慮した店舗や住宅が増えていった。

　行政も 1990（平成 2）年に「うるおいのある美しいまちづくり条例」を設け、景観を大切にしたまちづくりを推進した。当時の唐沢彦三町長は「花のまちづくり」を掲げ、1992（平成 4）年にはその拠点となる「フローラルガーデンおぶせ」がオープンした。

　さらに、竹下登内閣のもと、全国の市町村に地域づくりのための 1 億円が交付された時には、その金額の一部を活用して、町民から参加者を募り、ヨーロッパの花のまちづくりを学ぶ海外研修を行った。多くの自治体が公共施設の建設などハード事業に交付金を活用する中、小布施町が人材育成に使うことを決めたのは、注目すべき点だ。

　小布施町は 9 年間にわたり、イギリスやフランスなどガーデニングの先進地に毎年 15 人ほどの住民を派遣。この海外研修に参加した住民たちを中心に、庭先や道端で美しい花々が育てられるようになった。

　こうした住民の意識の高まりは、2000（平成 12）年から

幟の広場。平日に利用者が多い長野信用金庫と休日に利用者が多い小布施堂、高井鴻山記念館がタイムシェアをすることを想定してつくられた駐車場。イベント広場としても活用されている。（撮影 大井川茂兵衛）

「オープンガーデン」の案内板が設置してある庭は出入り自由。庭主が丹精込めて手入れした庭を楽しむことができる。そこで偶然生まれる交流も楽しみの一つ。

始まる「オープンガーデン事業」につながっている。現在では 130 軒を超える民家や商店などの庭が、訪れる人々に開放されている。

民間から生まれた新たな動き

　小布施では、住民や民間企業が中心となるまちづくりの動きが活発になっていく。1993（平成 5）年、当時の商工会地域振興部を率いていた良三が中心となり、まちづくり会社「株式会社ア・ラ・小布施」が設立された。設立総会では、「金出せ、汗出せ、知恵も出せ」をモットーに、株主たちへの利益配当は行わず、「出資の見返りは町の発展とすること」が決められた。そして、地域にないものは自分たちでつくるという精神のもと、当時は珍しかった宿泊施設のゲストハウス事業やカフェ事業などを展開した。

　2003（平成 15）年には「海のない小布施に波をつくる」をキャッチフレーズに、小布施堂が主導して実行委員会をつくり、ハーフマラソンの「小布施見にマラソン」が始まった。毎年 7 月の海の日に、県内外から約 8,000 人のランナーが訪れ、小布施の風景を楽しみながら走る。沿道では、地元のボランティアたちが、ランナーにとれたてのフルーツなどを振る舞い、交流する姿が見られる。

たくさんの来訪者を迎える小布施の ON の道（表通り）ではなく、土手や野道、路地といった OFF の道を楽しみながら走る「小布施見にマラソン」。沿道では地元ボランティアたちがランナーに声援を送る。© 一般社団法人小布施見にマラソン実行委員会

協働と交流のまちづくり

2000（平成12）年ごろから、「平成の大合併」と呼ばれる市町村合併の動きが、全国的に加速していった。しかし、小布施町では2004（平成16）年に周辺自治体との合併を選択しない「自立宣言」が、議会の賛成多数で可決された。

良三はその翌年、町長に就任した。これまで民間でまちづくりを先導してきた経験を生かし、行政の自立経営に向けた財政健全化と行政改革に着手した。また、まちづくりの旗印として「協働と交流のまちづくり」を掲げ、町民、地元企業、小布施のまちづくりに共感した町外企業、大学・研究機関など、様々な主体との連携や協働を重視したまちづくりを展開した。　→ 2・Section 4（P96）/3・10（P131）へ

新しいスポーツの町

小布施は、良三が町長に就任するより前から、来訪者が多い町だった。しかし、小布施に観光で訪れる人々の年齢層は、中高年が中心であった。良三は、これからのまちづくりには若者を引きつけるものが必要だと考えた。そこで、町内外の若者による取り組みを積極的に支援した。その結果として、小布施には若者を中心にスポーツを切り口とした事業が数多

雪がないシーズンでも利用できるスキー・スノーボード練習場には、子どもからプロ選手まで、県内外から様々なプレーヤーが訪れる。ⓒ畔上広行

2019（令和元）年、小布施で2回目となるスラックラインワールドカップが開催された。世界各国から17人のトップ選手がエントリーした中、小布施出身の若い二人が優勝と7位入賞を果たした。ⓒEishin Hayashi／一般社団法人スラックライン推進機構

く生まれた。

　2007（平成 19）年には、室内スケートボード施設「アイアンクロウスケートビレッジ」がオープン。さらに、2010（平成 22）年には、町が運営していた山際の公園跡地に、スキー・スノーボードのジャンプ練習施設「小布施キングス（現・小布施クエスト）」がオープンした。

　2013（平成 25）年には、町内にある浄光寺の境内にスラックラインというニュースポーツの練習拠点がつくられた。これをきっかけに町内出身の中高生から世界的に活躍する選手が輩出されるようになる。このネットワークを生かし、2017（平成29）年にはアジアで初めてとなるスラックラインのワールドカップ大会が小布施で開催され、約 3 万人の観客が集まった。

　他に、公共施設を活用したボルダリング施設「小布施オープンオアシス」ができるなど、若い世代の感性を生かしたスポーツ事業が次々と生まれ、ニュースポーツの町として存在感を高めている。

新たなまちづくりの動き

　2018（平成 30）年以降も、良三は若い世代による取り組みを公私にわたって応援し続けた。それらの取り組みは、小

遊休農地を活用した放牧場で草を食むジャージー牛たち。小布施牧場が営む工房＆カフェ「milgreen」は、広大な雑木林の一角にあり、ジェラートを片手に森の散策を楽しむ人々の姿が見られる。© 小布施牧場株式会社

栗、リンゴ、モモなど様々な作物を栽培する農家が集まり、県内外の直売所での販売や首都圏のマルシェへの出店など、一人では難しいことをグループで協力して実現しようとしている。© おぶせファーマーズ

布施の新しい魅力となっている。

　2018（平成30）年、地元出身の20代と30代の兄弟が小布施牧場をオープンさせた。遊休農地を活用した地域内循環型の牧場経営を行い、自社牧場のしぼりたてジャージー牛乳から高品質のジェラートやチーズをつくっている。同社の理念は「楽農経営による美しい里山をふやします〜美しく、たくましく、優しく、美味しく、楽しく〜」。一次産業（酪農）×二次産業（ジェラート、チーズ製造）×三次産業（直営店での販売）＝六次産業により、高収益の酪農経営に挑んでいる。

　同年に農家の所得向上や課題解決を目指して立ち上がった農業団体「おぶせファーマーズ」。約60人の農家が加盟し、日本各地のマルシェに共同で出店するなど、小布施の新しい農業振興の核となっている。

　2019（令和元）年、台風19号によって町が被災したことをきっかけに立ち上がった「nuovo」。「平時を楽しみ、有事に備える」をコンセプトに、災害ボランティアを想定した重機講習や災害支援を行っている。新しい災害対策のアプローチとして全国的な注目を集めている。

　2020（令和2）年、良三は町長として、持続可能なエネルギーの推進や温室効果ガスの削減などに取り組むことを目指した「世界首長誓約」に署名した。さらに町として「環境先進都市への転換」を掲げ、ゼロカーボン（脱炭素）、ゼロウェ

農業と防災をテーマにしたアミューズメントパーク「nuovo」では、パワーショベルで掘削したり、四輪バギーで荒地を走ったり、楽しみながら防災を学べるしかけが用意されている。
©nuovo／一般社団法人日本笑顔プロジェクト

イスト(ごみをゼロにする)に向けた取り組みに力を入れている。

2023（令和5）年、次夫が理事長を務める北斎館では新店舗「ガラリ」をオープンさせた。1階のカフェでは地元の果物を使ったタルトなどを販売、2階のギャラリーでは小布施にゆかりのあるアーティストの作品を展示・販売している。

2022（令和4）年に行われた町主催のコンポストワークショップの様子。

ブランド力を借りつつ高める

小布施で起業した30代の経営者は、良三と次夫から学んだ考え方を自社の経営にあてはめて、こう語る。

「起業して直営店を開くにあたって、先人たちによって高められた小布施のブランド力を借りて、順調に経営を進めら

北斎館では北斎という過去のアーティストの作品を展示しているのに対し、「ガラリ」では
現代のアーティストの作品との接点をつくることを目指している。
©The Hokusai-kan Museum

れています。『小布施の〇〇』と言うだけで注目され、お客さんが来てくれる。しかし、その恩恵に浴しているだけでは駄目です。私の会社が小布施にあることで、小布施のブランド力を低下させることがあってはならない。少しでも高めることができなければ、先人に申し訳が立たない。二人からは、ブランド力というものの有り難さと共に、厳しさを学びました」。

　次夫は、この青年の話を聴きながら、彼にこう語った。

　「問いたいのは全国や世界に通用するレベルのレストランや企業が、小布施にどれだけあるのかということ。上には上がある。多様な分野の若い人たちが、レベルを上げていく仕組み、後進を育成していく仕組みをつくっていきたい。井の中の蛙にならないこと。全国、世界の最高レベルのレストランや企業を訪ねて、感じて、小布施で生かしてほしい」。

2

二人の市村

小布施は、過去から現在に至るまで、様々な場面で町外の人々との接点をつくり、外からの人や文化を受け入れ、新たな取り組みを生み出してきた町だ。そして、現在の小布施のまちづくりを牽引してきたのが、市村良三、次夫という「二人の市村」だ。

30代で二人の市村に出会った私は、その柔軟な発想力と洗練されたセンスに驚き、大きな影響を受けた。自然電力を創業して以来、世界各地のローカルリーダーに出会う機会があったが、二人のまちづくりのセンスは世界の最先端をいくものだと感じた。

しかし、そのセンスの本質が何であり、その背景にあるものは何なのか、うまく言語化できない自分がいた。二人が何を見て、どのように考え、どう行動したのか。そこには、まちづくりのセンスを磨くためのヒントが詰まっているはずだ。ここからは、そのヒントを探すため、二人の人生や思考のプロセスを追っていきたい。

市村 良三
Ichimura Ryozo

1948（昭和23）年、小布施町生まれ。慶應義塾大学法学部卒業後、ソニーに入社。1980（昭和55）年、小布施堂に入社。小布施堂、桝一市村酒造場の代表取締役副社長を務めた。町並み修景事業、第三セクターのまちづくり会社「ア・ラ・小布施」の立ち上げなどに携わった後、2005（平成17）年から4期16年間、小布施町長を務めた。2023（令和5）年3月より一般財団法人北斎館副理事長。

市村 次夫
Ichimura Tsugio

1948（昭和 23）年、小布施町生まれ。慶応義塾大学法学部
卒業後、信越化学工業に入社。1980（昭和 55）年、父親の
逝去により小布施町に帰郷。以降、小布施堂、桝一市村酒造
場代表取締役社長として、経営を引き継ぐ。町並み修景事業
や飲食・宿泊事業に取り組んできた。2018（平成 30）年よ
り一般財団法人北斎館理事長。

小学校に入学する次夫（左）と良三（右）。後ろに写るのは市村邸の門。

Section 1
誕生から青年期

　まず、二人が小布施に生まれ、青春時代を経て、故郷の小布施に帰ってくるまでのライフヒストリーを見ていきたい。土地に歴史があるように、人にも歴史がある。そこにはきっと、二人のセンスがどう養われたのかを知るヒントが隠されている。

「二卵性双生児」のいとこ

　1948（昭和 23）年 5 月 31 日。終戦から 3 年も経たない小布施で、4 人兄弟の末っ子として良三が誕生する。

　良三の父・公平は、日本酒の酒蔵・桝一市村酒造場と、栗菓子を製造する小布施堂の 2 社を経営する市村家に生まれた。次男だった公平は若い頃から東京に出て、出版社の三省堂で会社員として働いた。そのまま東京で暮らすつもりだったが、第二次世界大戦が勃発。やがて空襲が激しくなり、妻と子どもたち 3 人は東京にいられなくなった。さらに結核にかかり、新生療養所に入院するために故郷に戻ってきた。

　その時、公平が頼ったのは兄・郁夫だった。じつは、公平

野球をするのも一緒だった良三（中央）と次夫（中央奥）。

の妻・光子と郁夫の妻・あや子は姉妹同士。そうした縁もあり、兄家族が暮らす本家に居候をすることになった。そこで誕生したのが、良三である。

良三の誕生からわずか 20 日後、郁夫にも 9 人兄弟の末っ子として男の子が生まれる。この男の子が、次夫だ。20 日違いで生まれた二人は、小学校入学まで同じ屋根の下で暮らし、実の兄弟以上に強い絆で結ばれて育った。

いまでも、良三と次夫は、自分たちを「二卵性双生児」という言葉で表現する。いつでもどんなことでも相談できる。言葉にしなくても相手の考えがわかる。そんな関係性は、誕生の時から始まっていた。

人の暮らしの営みの美しさ

小学生になっても良三と次夫は、いつも一緒に遊んでいた。友人たち 5、6 人と千曲川に行って泳いだり、魚釣りを楽しんでいた。河川敷の畑では、夏になるとスイカがたわわに実っていた。川で泳いだ後、炎天下の河原で、畑から失敬して食べたスイカの味は格別だったと言う。そうして遊び、駆け回った小布施の風景は、二人の目には、とても美しいものに映ったようだ。

戦後間もないころ、小布施は貧しかった。小布施に限ら

現在の店舗ができる以前の桝一市村酒造場の前で並ぶ、次夫の父 郁夫と母 あや子。

ず、日本中で物資が乏しい時代だった。建物も質素なものが多かったが、どの建物も自然と風景に溶け込んでいた。建物の材は、土台となる石、壁や柱も、地元で取れたものが使われていた。家々の軒先には様々な種類の木がそれぞれの家によって植えられ、手入れをされて並木をつくっていた。朝になると、道の落ち葉をほうきで掃き清める人々の姿が見られた。

　川漁師が、千曲川で獲ったうなぎや鯉を天秤棒で担いで売りに来た。町には、山で猟師が獲ってきた獣の毛皮や肉を売る店があった。千曲川沿いの集落には野菜や果物を商う市が立ち、いつもにぎやかだった。「循環型経済」という言葉すらないその時代、地域の中で経済が回り、人々が生活を営む姿が目の前にあった。

背伸びをして、大人の世界をのぞく

　良三の父・公平は、町議会議員や助役などの公職に就いていた。次夫の父・郁夫も県議会議員を16年間、亡くなるまでの10年間は小布施町長を務めていた。そのため、二人の家はいつも人の出入りが激しかった。

　さらに、市村家の家業である桝一市村酒造場や小布施堂では、様々な人々が働いていた。酒造りの時期になると、杜氏

演劇部の一員として舞台で演じる高校時代の良三。

や蔵人もやって来て、寝食を共にした。そうした大人たちの
会話を、二人は子どもの頃からじっと聞いていた。その中で、
人間の多様性、美しさと醜さを見たと言う。

　一方、「子どものために」とお膳立てされたような絵本や
読み物などは、好きではなかった。年の離れた姉や兄、いと
こたちが都会から持ち帰ってくる話や、流行の映画や本の話
に心躍らせた。子どもながらに必死で背伸びをして、大人の
世界を垣間見ることこそがおもしろかった。

　中学生になった二人は、大人の言葉を鵜のみにしなくなっ
ていた。教師の話に整合性がないと、「本当にそうだろうか」
と疑ったという。歴史や道徳の授業で教えられる善悪より、
シベリア抑留から帰ってきた近所の人に直接聞いた話のほう
が真実に近いと感じた。二人は、「当たり前」と言われるこ
とに疑問を持ち、「自分の目と耳で確かめたい」と思うよう
になっていった。

自由を謳歌した青春時代

　中学校を卒業した後、二人は長野県立長野高等学校に進学
する。同校は県内指折りの進学校だが、部活や学校行事が活
発。その自由な空気を二人は謳歌した。

　高校１年生の次夫は、野球部のクラスメイトが「野球部は

根性がある」と自慢しているのを耳にした。野球部には、毎年冬になると上田市まで電車で行き、監督に財布を預けて、高校まで約50kmを走って帰ってくるという伝統行事があるからだという。剣道部だった次夫は「やる気があるなら、お金があっても走って行くのが本来であって、財布を取られて仕方なく走って帰ってくるなんて、根性がない証拠だ」と言った。「やって見せてやる」と言い放ち、柔道部の二人と授業を抜け出して、学生服のまま上田市まで走って行った。ほとんどの高校生にとって、そんな長距離を走るのは未知の世界だ。次夫たちが上田市から戻って来ると、同級生たちから熱烈な出迎えを受け、ちょっとした英雄になった。

　一方、高校入試で浪人して1学年違いで入学した良三は、演劇部に入った。文化祭の前の夏休みには、部室に泊まり込んで準備をするほど打ち込んだ。ロシアの演劇作品が多かった影響で、ドストエフスキーの文学に没頭するが、最後まで違和感が拭えなかった。原語とキリスト教文化を理解しなければ、外国文学を真に理解できないと痛感した。一方、夏目漱石が書く小説には、鳥肌がたつほど共感した。それから良三は日本の文学を愛読するようになった。

変わりゆく故郷

　高校卒業後、二人は慶應義塾大学法学部政治学科に進学する。学生時代も二人は同じ下宿に住まい、唯一無二の盟友だった。当時は学生運動が巻き起こり、社会が揺れ動いていた。二人はそうした騒乱に虚しさを覚えた。

　東京で暮らすようになった二人は、大学の休みに小布施に帰ると、故郷の自然の美しさに目が向くようになった。同時に、高度経済成長期を経て、町の風景が急激に変わろうとしていることも感じた。道路は車優先になり、町中には統一感のない看板が目立つようになっていた。

　良三の年の離れた兄や姉は、すでに小布施を離れていた。帰省した時に母が「お前くらいは帰ってきてくれたら」とポツリと言った言葉が、良三の胸に残っていた。一方、次夫は、兄が病気がちだったので、「いつか自分が小布施に戻り、家業を継ぐことになるのかもしれない」と思っていた。

　「いつか小布施に帰るかもしれない……」

　お互いに口に出しては言わなかったが、二人とも同じ思いを抱きながら、大学4年生になった次夫は信越化学工業、良三はソニーに就職を決めた。

北斎館の開館を記念して獅子舞が披露された。
前列右から3人目が郁夫、後列左端に良三がいる。

北斎館開館を記念して作られた紙袋。郁夫をはじめ当
時の小布施人の、高まるこころの鼓動が伝わってくる
ようだ。

おじさんという存在

　「おじさん」とは、親とは違う独特の存在だ。斜めの関係だからこそ、親とは違うものをもたらすことがある。

　次夫にとってのおじさんは、良三の父 公平だった。衣食住どれをとっても質素倹約を徹底していた父とは違い、若い頃に東京でサラリーマンをしていた公平はお洒落で、都会の香りがした。おいしいものに目がない公平は、当時はまだ珍しかった自動車に良三と次夫を乗せて、しばしば飯山市内にある老舗のうなぎ屋に連れて行ってくれた。

　良三も「おじさん」である市村郁夫から大きな影響を受けた。27歳になった良三が小布施に戻ると、町長だった郁夫にたびたび運転手を任された。祖母の葬儀の時には、読経の途中で郁夫に「おい、ちょっと出るぞ」と声をかけられ、二人で葬儀を抜け出した。二人で臼田町（現・佐久市）を見て歩きながら、郁夫は橋、道路、商店街の構造などを細かく説明した。そういう時が良三にとっての学びの時間だった。

　郁夫は北斎館建設についても熱く語った。北斎館には四つの目的があった。一つ目は小布施の宝である北斎の肉筆画を保存する収蔵庫を造ること。二つ目は北斎作品の海外流出が増える中、北斎の作品は町の宝であるという意識を喚起するシンボルになること。三つ目は北斎の研究拠点になること。最後に、運がよければお客さんが来てくれる。郁夫は「この

市村郁夫。その死後、有志によって出版された追悼集には、郁夫をしのぶ人々によって、人間味あふれる郁夫の姿がつづられている。

順番を間違えるな」と言った。良三は晩年の郁夫のもとで、まちづくりのエッセンスを学んでいった。

市村郁夫という小さな巨人

　小柄でせっかち、歯に衣着せぬ物言い、誠実で人情に厚い、子どもや動物が好き……人々が語る次夫の父 郁夫の姿は、じつに人間味にあふれている。

　市村家の長男として生まれた郁夫は、明治大学在学中に、村長でもあった父の突然の訃報を受けた。大学を中退して小布施に帰郷した郁夫は、父が膨大な借金を残していることを知り、あぜんとした。そして、学生服から法被に切り替え、家長として質素倹約に努めながら、家業の再建に力を尽くした。その後、42歳で県会議員に初当選し、4期にわたって精力的な議員活動を行なった。

　1969（昭和44）年に小布施町長になると、小布施のまちづくりに奔走した。人口減少の危機に瀕する中で、宅地造成を計画した。そして、民法第34条に基づく土地開発公社を立ち上げようとしたが、県からなかなか認可が下りなかった。周囲からは「小布施にはタヌキとキツネしかいないのに、新しい住宅団地を造ってどうする」と、ばかにするよう声もあったという。当時の長野県では開発公社があるのはほとんどが

市で、町や村はまれだった。その時、郁夫は「長野市長は体が大きいから紋付き袴を着ることができて、小布施の町長は体が小さいから着てはならないと、そんな理不尽なことは納得できない」と県知事に直談判し、認可をもぎ取った。

　新たに造成した宅地は次々に売れ、新しく人々が移り住んだことで町の人口は回復した。そこで得た利益を活かして郁夫は、町長として北斎の肉筆画を展示する美術館「北斎館」の建設を計画した。

　しかし、この計画には賛否両論が巻き起こった。北斎館は、市村家が苗代として使っていた畑を提供し、建設することになった。周辺に田んぼはなかったのだが、マスコミは「田んぼの中の美術館」と冷やかした。

　さらに、小布施堂や桝一市村酒造場の近くに建設することになったので、「我田引水ではないか」と誹謗中傷を受けることもあった。「人の上に立つ人ほど、公私の区別をきちんとしなければならない」と行動してきた郁夫には、そんな意図は毛頭なかった。

　そんな父の姿を幼い頃から見てきた次夫は、郁夫について「あらゆる面で資質に恵まれなかったが、自分を律して能力以上の仕事をした人」と評する。郁夫は元来、商売がうまいわけでも、政治がうまいわけでもなかった。郁夫の元には、陳情する人たちがひっきりなしにやって来た。しかし、陳情に対しての郁夫の答えは常にはっきりしていた。できないこ

とについては「駄目だね」、「無理だね」と即座に言う。「考えておきます」とやんわり断って帰したほうが政治的効果が大きい場面であっても、駆け引きをしなかった。

会社員時代

　大学を卒業し、二人はそれぞれ大手の企業に就職。子どもの頃から同じ道をたどって来た二人は、しばし別々の道を歩むことになる。

　次夫が就職した信越化学工業は、東京に本社を置く化学メーカーだ。転勤をする中で、建設直後だった茨城県鹿島のコンビナートにも勤務した。その周辺地域は、工業地帯、商業地帯、住宅地帯がはっきりとゾーニングされていた。効率的な都市計画ではあるが、住んでみると味気がなくてつまらない。当時の都市計画の主流であったゾーニングに対する疑問が生まれ始めた。

　一方、ソニーに就職した良三は、その自由な社風に驚く。最初の直属の上司は、のちにソニーの代表取締役社長になる出井伸之だった。フランス駐在帰りの出井は、派手なシャツを着て、真っ赤な高級外車で出社すると、目先の仕事についてはほとんど指示せず、会社や世の中の将来がどうなるかを語っていた。後輩や先輩のヒエラルキーを感じない自由な社

風だった。

　しかし20代後半になり、海外勤務の話が出始めると、「自分の住む所は自分で決めたい」という思いが強くなった。生まれ育った小布施がいちばん好きだった良三は、27歳の時にソニーを退社し、小布施への帰郷を決意した。

最期の夜

　帰郷した良三は、父が経営していた建設資材の会社を継ぐことになった。そのかたわらで、小布施町長だったおじの郁夫からまちづくりについての考えを直接聞く機会も増えた。

　良三が31歳の時、郁夫が病に倒れ、松本市にある信州大学医学部附属病院に入院した。信越化学工業に務めていた次夫も小布施に帰省していた年の瀬の夜、病院から郁夫の危篤を知らせる電話がかかってきた。次夫はその日はたまたま、いつもは飲まない酒を口にしていたので、車を運転することができない。そこで良三に車を出してもらうことにした。

　その夜、二人は病院に向かって車を走らせた。その車の中で、次夫は「父が死んだら小布施に戻って家業を継ぐ」と言った。次夫は「良ちゃん、手伝ってくれないか」と頼んだ。良三は「いまはまだ父の会社があるから、小布施堂で朝から夕方まで勤めて、夕方から父の会社で働くという二足のわらじ

ではどうだろう」と答えた。次夫は「それでもいいから頼む」と返し、二人の話し合いは決まった。

　良三にとって、次夫は唯一無二の盟友であるとともに、その才能を心から尊敬する存在だった。良三は次夫のことを「イマジネーションの天才だ」と見抜いていた。「次夫といつか小布施で」という思いはずっと心の中にあり、「次夫と合流しない」という選択肢は良三の頭の中にはなかった。

　その日の明け方、親族に見守られながら、郁夫がこの世を去った。郁夫の亡きがらが小布施に戻って来た時には、庭中に町の人が詰めかけ、故人をしのんだ。

二人に残された宿題

　父の死をきっかけに帰郷した次夫は、小布施堂と桝一市村酒造場の代表取締役に就いた。そこから二人は、毎日夜な夜な語り明かすようになる。先に帰郷していた良三は現在の小布施の状況や、郁夫から聞いたまちづくりの考え方などを次夫に話し伝えた。

　当時の小布施堂は、小布施の他の栗菓子屋がテレビを中心としたマスメディアへの広告宣伝に力を入れていたのに対して出遅れ、売り上げでは竹風堂、桜井甘精堂に次ぐ三番手に転落していた。小布施堂は昭和初期には三越伊勢丹日本橋本

北斎館の前庭に建つ郁夫の胸像（右奥）と北斎自画像のレリーフ（中央）。小布施の移ろいを見守っている。（撮影 大井川茂兵衛）

市村邸の門（左）と桝一市村酒造場の本店。門は北斎を迎え入れた当時のままである。
（撮影 大井川茂兵衛）

店と取引していたという歴史がありながらも、売り上げで先行する2社が長野県全域に営業展開を進めていた。その競争はメディアからは「栗菓子戦争」と評されるほど激しかった。

　しかし、「小布施のブランドをおとしめるようなことをしてはならない」という不文律があり、決して価格競争に走ることはなかった。良三はのちに「はた目にはライバルであっても、小布施の土地とブランドという蓮の葉の上で活動している者同士。いわば一蓮托生の間柄」と語っている。「3社の間で行われていたのは、器、建築、デザイン、庭園、美術館といった『文化』を軸とした、切磋琢磨だった。その中で、小布施堂として何を打ち出していくべきか模索していた」。

　さらに、二人にとって郁夫が残した宿題だと感じていたのは、北斎館周辺のエリアだった。世界的な北斎ブームの波に乗り、北斎館には県内外から多くの来館者が訪れていた。しかし、その周辺は畑だらけ。せっかく小布施に来た人たちが食事をしたり、散策を楽しんだりできるような場所はなかった。

　北斎館周辺のエリアをどうしていくべきか、小布施堂としてどのような戦略をとるのか……。郁夫が残したこの二つの宿題をめぐって、二人は熱く語り合った。その内容は、空間構成からイベントまで多岐にわたった。図書館や博物館、美術館など静的なイメージが強い存在から、生きている人間をイキイキさせようという思いを込めて、「ライブラリーからライブへ」を合言葉に、活気のあるまちづくりを意識した。

Section 2
町並み修景事業

「持てる力のすべてを地域に注ぎたい」。

まだ 30 代だった二人は地域に密着した企業経営を目指した。まずは、本拠地である小布施に本店の新店舗をつくりたいと考えた。そこで北斎館北西の国道 403 号線沿いで土地を探し始めた。

そのエリアの地権者たちに話を聞くと、それぞれに異なるニーズがあることに気づいた。建物が狭く駐車場がなくて移転を検討していた長野信用金庫。国道から離れた飛び地のような場所に高井鴻山記念館の建設を予定していた町行政。国道沿いに面しているため騒音と日照不足に悩んでいた民家 2 軒と、民家を間借りしていた洋裁店。そして小布施堂。

これらの 6 者が集って話し合うことによって、「このエリアをみんなにとって最良の場所にしていきましょう」と二人は呼びかけた。これが町並み修景事業の始まりだった。

マスタープランは自然とできる

二人の呼びかけにより、新しく建設予定の高井鴻山記念館

と北斎館をつなぐエリアを整備する構想を、地権者である個人、企業、行政が対等な立場で議論することになった。長野市に拠点を置く建築家である宮本忠長がコーディネーターとして加わり、アイデアを柔軟に改善しながら、ビジョンを絵にして共有した。

　一般的に、行政が主導する都市計画では、基本的・総合的な構想計画であるマスタープランが示されることが多い。しかし、二人はマスタープランをあえて作成せず、「しっかりしたホロンができれば、マスタープランは自然とできあがっていく」と考えた。ここでいう「ホロン」とは、部分でありながら、全体としての機能をもち、全体とも調和する単位のことだ。二人は、今回の町並み修景事業は一つのホロンの結晶であり、これを一つの事例として、その影響が町内の他エリアにも波及していくことを期待していた。

話し合いを尽くす

　二人は「当事者すべての希望をかなえること」を計画の根本にしようと考えた。それぞれの地権者が満足できる方法を見つけるため、話し合いに十分な時間をかけることを重視した。その結果、1982（昭和57）年から始まった話し合いは、丸2年、100回以上に及んだ。

力の弱いステークホルダーの願いをかなえる

　話し合いでは、立場が弱い人の問題から解決することを心がけた。まずは民家に間借りしていた洋裁店が、別の場所に店舗兼住居を持てるようにした。さらに2軒の民家の経済的な負担を最小限にするために、土地の売買を一切行わず、土地の交換や賃貸を行うことにした。法人が土地を借り、地代を払い続けることで、民家が新築する家のローンを返せるように資金計画を組み立てた。

そこにある要素（建物や機能）を外に出さない

　当時は都市計画といえば、ゾーニングが基本だった。しかし、町並み修景事業では、住宅、工場、店舗、それらを機能ごとに場所を分けてゾーニングするのではなく、「混在」させることを大切にした。いろいろなものが群居していることこそ、町の楽しさであり、住む人にとっての暮らしやすさだと考えた。

　混在性は、いまでは都市計画の分野でも使われる用語となっている。しかし、当時は「混在」という言葉が都市計画

分野で見当たらず、二人はこの概念を説明するのに苦労した
と言う。

補助金を受けない

　町並み修景事業にあたって、町行政は地権者・当事者とし
て応分の費用を分担するだけで、民間（企業・住民）は町か
らの補助金を受け取らない。町行政も、国や県からの補助金
をあてにしなかった。補助金が認められるということは、日
本において前例があるということであり、前例に合わせるこ
とになると考えたからだ。1年ごとに予算がつくられ、決算
が求められる行政特有の会計年度の足かせからも自由でいら
れることを求めた。

田舎らしさを大切にする

　小布施には昔から人の庭先を横切る「お庭ごめん」の文化
がある。小学生の時、二人も人の家の庭先を抜けて通学したり、
遊んだりした記憶がある。そうした田舎らしい文化を生かし、
庭先や路地を通って、町の奥へと入り込めるようにした。

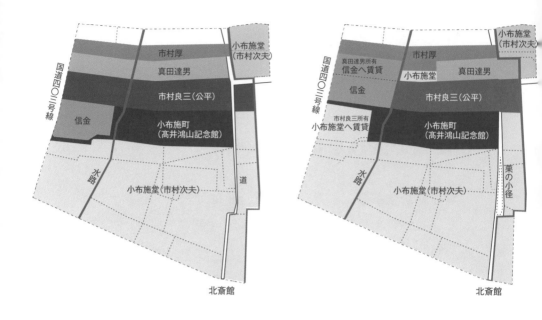

町並み修景事業前（左）と町並み修景事業後（右）。話し合いにより、土地の交換や賃貸借を行った。

良三宅の和庭園。栗の小径（公道）からこの庭を経て幟の広場（公共用地）へ通り抜けることができる。この庭は、オープンガーデンに登録されている。（撮影 大井川茂兵衛）

また、あえて公用地と私有地の境界があいまいに見えるようにした。パブリックな空間を歩いているはずが、いつの間にかプライベート空間に入って、またパブリックな空間へと抜けるような動線を考えた。

住む人の快適さは妥協しない

　町並み修景事業は、観光客のための整備ではなかった。主役はあくまで、そこに住む人たちや働く人たちだ。モットーは「外はみんなのもの、内は自分のもの」。移転にともなって新築された2軒の民家は、屋根の勾配をそろえたり、庭に昔からの樹木や石組みを再利用したりして、伝統を感じさせる外観となった。一方、内側の快適さは妥協しなかった。町並み修景事業で自宅を新築することになった良三は「風土と共に生きられるのは、気候がいい地方の話。この地では、風土と共にしていたら冬の厳寒期には生きていけません。日本の伝統家屋のような風通しの良さは不要です」と建築家に依頼。冬も暖かく過ごせるように最新の空調技術を取り入れるなど、内側は住環境の快適さにこだわった。

　こうした話し合いから、さらに3年をかけて、段階的に工事が行われた。歴史的な建造物を凍結保存するのではなく、すべてを壊して新調するスクラップ＆ビルドでもない。古い

北斎館から北西を望む。小布施堂の本社工場や店舗、桝一市村酒造場の醸造蔵などの甍の波が、緑に抱かれている。（撮影 大井川茂兵衛）

国道沿いの桝一市村酒造場の麹蔵は、2.5mほど曳き家する工事が行われ、北斎館に向かう街角に小さな広場空間が生まれた。（撮影 大井川茂兵衛）

ものや歴史を大切にしつつ、新しい町並みをつくる「町並み修景」という言葉は、二人の市村が創造した新しい概念だ。その言葉は、いまでは景観・まちづくりの分野で当たり前のように使われる言葉になっている。

そして、二人が思い描いていた未来のイメージは、現実になった。日当たりが悪く、国道を通る車の騒音に悩んでいた２軒の民家は、奥まった土地に移転して住環境が改善した。店舗は国道に面して建ち、駐車場とイベント広場を兼ねた「幟の広場」が誕生した。歩道も広げられ、ゆったりと人が歩けるようになった。栗の間伐材を敷き詰めた散歩道「栗の小径」によって、北斎館から高井鴻山記念館が結ばれ、民家の軒先や広場などを散策できるようになった。

町並み修景事業によって、小布施の「顔」ともいえる象徴的な空間が完成し、町内にはよりよい景観をつくろうという機運が高まっていった。

民間が主導して進められた町並み修景事業の手法は前例がなく、小布施方式と呼ばれた。そして、「潤いのあるまちづくり優良地方公共団体自治大臣表彰」や「日本建築学会文化賞」「地域文化デザイン賞」などを受賞し、全国から高い評価を受け、まちづくりの先進事例として注目を集めるようになった。

市村邸の正門をくぐると静かな中庭に出る。現在は「モンブラン朱雀」専門のカフェに改装
された桝一市村酒造場旧精米蔵や本宅など、歴史ある建物に囲まれた広場空間になっている。
（撮影 大井川茂兵衛）

Section 3
小布施堂のまちづくり

味わい空間をつくる

　良三と次夫は、栗菓子や日本酒の販売という家業にとどまらず、心地よい町並みをつくり、小布施から文化を発生させながら、外と交流することに力を注いだ。

　町並み修景事業がひと段落した後も、二人は小布施堂として独自のまちづくりを進めていく。古い蔵などを生かしながら周囲の景観に調和するよう建物を整備し、上質な食を提供するレストランやカフェを次々にオープンさせた。そうして、小布施堂は本店界隈のエリアに、美しい空間と質の高い飲食店が集積する「味わい空間」をつくり上げていった。

　「味わい空間」に込めた思いを、次夫はこう振り返る。

　「町並み修景はハード事業。空間的によくても、食べるものがうまくなければ楽しくない。美しい空間プラスおいしい食べ物、ハードとソフトの「味わい空間」をつくっていこうと考え、いままでやってきました」。

小布施堂が「味わい空間」と名づけたエリアのイメージ図。

小布施糸で展示されたインスタレーション作品の一つ。天からのメッセージとして幾何学形状が現れて、その空間を心地よい環境に変えるという現実を夢として表現した。一部部品はその後、岩松院東の山道途中に設置。自然の夢のままにしている。
関口敦仁《幾何学的気配—昼間の夢》1987年作 素材：鉄にエポキシ樹脂、エポキシ塗料、壁面にアクリル塗料

第3回国際北斎会議の様子。世界の北斎研究者が集まる学術会議である国際北斎会議を小布施に誘致した。

文化を基軸に、情報を「発生」させる

　小布施堂は、1984（昭和59）年に社内に文化事業部を立ち上げる。文化事業部では、出演者との交渉や日程調整から人員の手配などのすべてを社内でこなしながら、サロンコンサートなどの文化事業を次々に企画した。

　1987（昭和62）年には、町並み修景事業のエリアを舞台に、現代アーティスト10名による彫刻展「小布施系」を開いた。江戸時代の蔵が建ち並ぶ屋内外に、現代アートの作品が展示される革新的なイベントだった。町並み修景事業がひと段落すると、「古いものが守られている観光地」として捉えられることもある。そこで二人は、古いものと新しいものが融合する、いきいきとしたライブ感を表現したいと考えた。

　1994（平成6）年から、経営的に下火になっていた桝一市村酒造場を盛り上げるために、アメリカ人のセーラ・マリ・カミングスを迎えた。突破力とアイデア力のあるセーラの活躍により、木桶仕込みの日本酒の復活、

『セーラが町にやってきた』（プレジデント社）には、「台風娘」とも呼ばれたセーラが小布施に残した功績が描かれている。

世界の研究者を集めた「国際北斎会議」、多彩な分野の専門家を招いたトークイベント「小布施ッション」、小布施の町を楽しみながら走る「小布施見にマラソン」などの文化事業が次々と企画され、小布施に衝撃と活気をもたらした。

　これらの企画を実現させた次夫は「ライブラリーからライブへ。ライブだから、働いている社員や暮らしている住民の日常の面構えやしぐさまで含めて、外の人に視線にさらされることになる。そんな心地よい緊張感が、小布施のような田舎町の文化度を高めるには欠かせない」と語る。

　しかし、次夫は「情報発信という言葉は嫌いだ」と言う。「情報は発生させるもので、プレスリリースを出して発信すればいいというものではない。新しいことやおもしろいことをしていくと、自ずと情報は発生する」と語る。その言葉の通り、小布施堂が関わった文化事業によって、小布施の名はさらに全国的に知られるようになっていった。

産地から王国へ

　次夫は「産地は、消費を意識して生産量を競い合いがちだ。しかし、小布施が目指すべきは、生産した様々な食材をいかに巧みに使うかという、豊かな生活文化の確立だ。そうなれば、産地というより王国である」と語っている。

「数量から種類の多様性へ。多様性を持つには、生産地が同時に消費市場になることが大事。流通情報ではなく、消費情報をいち早くくみ上げて生産物に反映させる。生産物に反映させるというのは、商品の特性や料理方法、使い方などのノウハウ付きで売っていくということ。多様な消費情報が蓄えられて、生産者や産地の住民の暮らしが豊かになっている。それが王国という意味です」。

　1987（昭和62）年、「産地から王国へ」のコンセプトを体現する場として、レストランを併設した小布施堂本店の新店舗がオープンした。レストランでは、地元の伝統野菜を使ったり、地場の産品の新しい味わい方を提案したりするなど、「地野菜のショールーム」の役割を目指した。春はアスパラガス、夏は小布施丸ナス、秋は小布施栗……。季節の食材を使った美しい和食のコース料理を、月替りで提供している。

　次夫はここで次のようにくぎを刺す。「地場の食材を大切にするが、求めるクオリティの基準は高い。地元産なら何でも取り入れるという『地産地消』という概念とは異なります」。

　さらに次夫は栗菓子の研究も重ねた。伝統的な栗鹿の子や栗ようかんに加えて、最中やどら焼きのような和菓子、ケーキやタルトなどの焼き菓子、モンブランなど、和洋問わず磨き上げ、商品開発をしてきた。

　その中で、小布施堂の秋の名物となる「栗の点心 朱雀」が生まれた。「朱雀」は、蒸して裏ごししたとれたての新栗を、

「栗の点心 朱雀」は、畑から新栗が届く1ヶ月間限定で、小布施堂本店・本宅のみで味わうことができる。

砂糖を加えずに、そのまま栗あんにふわりとのせる栗菓子だ。新栗を栗あんにする仕込みの期間だけ提供される「朱雀」を求め、遠方から多くの人が訪れ、列をなす姿が見られるようになった。

　次夫は、工場生産の限界と工房制作の可能性について、こう語る。

　「一次産品である食材一つ一つの違いをかぎ分ける力は、機械のセンサーがいくら発達しても、人間の感覚や手わざにはかなわない。うまいものを追求して、どこまでやれるかが問われている。どこに出しても負けないという自信作は、工房での人間の手わざからしか生まれないのではないか。工場生産品には限界がある」。

　次夫は「最近発売して好評の『生くりかん』は、工業製品でもうまいと思う」と語る。『生くりかん』は、栗本来の風味をそのまま保つため、寒天を使って、新しい製法で仕上げた水栗ようかん。工房制作の感性が、工場生産に波及しているのだろうか。

洗練されたデザイン

　小布施堂や桝一市村酒造場は、建物もプロダクトもデザインがかっこいい。それもそのはず、一流のデザイナーや建築

小布施堂のパッケージに使われている栗や唐草の模様は、小布施で栗栽培が始まったのと同じ、室町時代の文箱にあしらわれた模様からきている。

日本デザインセンターの原研哉がデザインした日本酒「白金」のボトル。

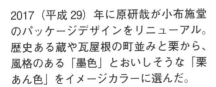

2017（平成29）年に原研哉が小布施堂のパッケージデザインをリニューアル。歴史ある蔵や瓦屋根の町並みと栗から、風格のある「墨色」とおいしそうな「栗あん色」をイメージカラーに選んだ。

「小布施に交歓の場を再現したい」との思いから生まれた宿泊施設「桝一 客殿」。
（撮影 大井川茂兵衛）

家たちが腕をふるっているのだ。

　例を挙げると、酒蔵の一部を改装したレストラン「蔵部」
や宿泊施設「桝一客殿」を設計したのは、アメリカ人の建築
家ジョン・モーフォード。フランク・ロイド・ライトに強い
影響を受けた人物だ。モーフォードが日本国内で設計を手が
けたのは、新宿のパークハイアット東京と小布施堂だけだ。

　桝一市村酒造場の日本酒「白金」のボトルや小布施堂が発
行する冊子のグラフィックデザインは、日本デザインセン
ターの原研哉がアートディレクターを務めている。

　なぜ、一流のアーティストが二人のもとに集まるのか。そ
の問いに次夫は「ご縁だね」としか答えない。

Section 4
協働と交流のまちづくり

ア・ラ・小布施の誕生

　1988（昭和63）年になると、良三を中心にして小布施町商工会に地域振興部が立ち上がる。そこに集ったメンバーたちと、町を盛り上げるイベントなどを企画していく。良三はそれを発展させる形で1994（平成6）年、第三セクターのまちづくり会社「株式会社ア・ラ・小布施」を設立した。ア・ラ・小布施は、毎週日曜に地元農家が新鮮な野菜や果物を販売する「栗どっこ市」、音楽祭や映画祭など、様々な事業や企画を次々に成功させ、町ににぎわいを生んだ。さらに、当時は珍しかった宿泊施設のゲストハウス事業（現・ゲストハウス小布施）やカフェ事業も展開した。

　良三が代表取締役を務めたア・ラ・小布施は、第三セクターでありながら、町の出資比率はわずか4％。あくまで民間主導のまちづくり会社だった。52人の個人を含む55者から均等に50万円の出資金を集めた。会社のモットーは「金出せ、汗出せ、知恵も出せ」。出資者への配当は行わず、「出資の見返りは町の発展とすること」というユニークなコンセプトを掲げた。

町長に就任

　2004（平成16）年11月、周囲に押し上げられる形で、良三が町長選に出馬することになった。2005（平成17）年、接戦を制した良三は小布施町長に就任すると、「協働と交流のまちづくり」を旗印に掲げた。特に、町民、地場企業、大学や研究機関、小布施のまちづくりに共感する町外企業との「四つの協働」を推進した。

1）町民との協働

　小布施町内には27の自治会がある。それぞれの自治会が、特色あるお祭りや地域活動を行っており、毎年秋に開催される自治会対抗の町民運動会は大きな盛り上がりを見せる。町長になった良三は、自治会が小布施にとって重要な役割を果たしていることに気づいた。そこで自治会ごとに住民に集まってもらい、町の重要政策について直接説明し、意見を聞く「町政懇談会」を実施した。

　さらに町民との協働を推進する仕組みとして、2008（平成20）年には「小布施まちづくり委員会」が発足した。まちづくり委員会では、住民が自由にテーマを設定して部会を開き、まちづくりに対する提案や実践を行っている。

　2009（平成21）年には、町立図書館「まちとしょテラソ」が開館。2年以上にわたる町民参加の議論によって図書館運

まちとしょテラソのオープニングセレモニーには多くの町民が参加。開館初日は 2500 人、2 日目は 2000 人が利用するなど、町民の期待の高さが感じられる。

営のコンセプトがつくられた。その建築設計や運営手法が評価され、2011（平成23）年、NPO法人知的資源イニシアティブが先進的な取り組みを行う図書館に授与する「Library of the Year」を受賞し、注目を集めた。

2）地場企業との協働

　良三は農業でも、小布施ブランドの育成に力を入れた。町内の有志の農家で栽培された酸味が強い加工用リンゴ・ブラムリーや加工用サクランボのチェリーキッスという品種を売り出し、小布施のフルーツ全体の認知度を上げようとした。

　収穫期には、町内のレストランや菓子店と協働し、それぞれの趣向を凝らした献立や菓子を提供する「ブラムリーフェア」、「チェリーキッスフェア」を実施している。

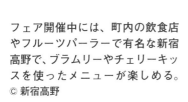

フェア開催中には、町内の飲食店やフルーツパーラーで有名な新宿高野で、ブラムリーやチェリーキッスを使ったメニューが楽しめる。
© 新宿高野

長年小布施のまちづくりを研究してきた東京理科大学の川向正人研究室が、地元小学校でかつての民家に使われた暮らしの知恵を体験するワークショップを開いた。

小布施の景観に配慮し、元々の古民家の屋根や梁を生かす形で造られた新店舗は町並みになじみ、町を散策する人たちが立ち寄れる魅力的な空間が生まれた。© 伊那食品工業株式会社

3）大学・研究機関との協働

　2005（平成17）年から、町並み修景事業の研究で小布施を訪れていた東京理科大学との協働が始まった。「東京理科大学・小布施町まちづくり研究所」が役場内に開設され、日本の官学協働の先進事例となった。この研究所では小布施の風土やまちづくりに関する数々の研究が生まれ、その後の信州大学、法政大学、東京大学、慶應義塾大学、長野高等専門学校との協働につながっている。

4）町外企業との協働

　良三は、町外の企業との協働にも力を入れた。都市部で高級なフルーツなどを取り扱い、フルーツパーラーでも有名な「新宿高野」とコラボレーションし、小布施のフルーツを中心に扱った「小布施フェア」を実施している。

　良三はさらに、伊那市に本社がある伊那食品工業に小布施への出店を打診。これを受けて同社は、小布施の中心市街地にあった築180年以上の古民家を改築し、2011（平成23）年、景観に配慮した「かんてんぱぱショップ小布施店」を開店した。

都心部を中心に店舗を展開するタカノフルーツパーラーでは期間限定で小布施の栗やフルーツを使ったパフェが登場した。© 新宿高野

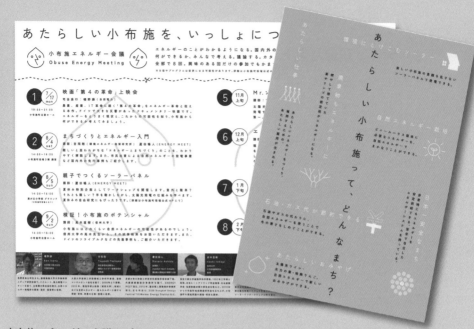

小布施エネルギー会議のパンフレット。国内外の最新事例やテクノロジーを学びつつ、小布施で何ができるかを議論する場になった。

小布施町を流れる松川から取水した用水路を活用した小水力発電所。景観に配慮し、建屋には伝統的な切り妻屋根を採用した。（撮影 大井川茂兵衛）

その翌年には、郊外にスーパーマーケット「ツルヤ」の誘致も実現した。店舗の建築にあたっては、後方にある山並みの風景を生かし建物の高さを調整するなど、小布施町の景観への配慮がなされた。

　また東日本大震災以降、町民の中で「自分たちが使うエネルギーは自分たちの地域でつくりたい」という機運が高まり、2012（平成24）年に自然電力株式会社がコーディネーターとなって、「小布施エネルギー会議」が開催された。全8回にわたる会議とワークショップに町民、行政、専門家が集まり、地域にある資源を調べ、その活用方法について検討を重ねた。

　その議論を踏まえ、2018（平成30）年には、自然電力株式会社、株式会社 Goolight（地元のケーブルテレビ会社）、小布施町の3者が出資して、ながの電力株式会社を設立。松川で小水力発電所が稼働を始めた。　→ 4・Section 1（P162）へ

若者との協働

　四つの協働を大切にしながら、良三は新しい協働のあり方やまちづくりのビジョンを模索し続けた。人口減少や少子高齢化に直面する中で、町民だけでなく町外の応援者と共にまちづくりを進める必要性を感じた良三は、2012（平成24）

小布施若者会議は「若者の考えがいつも町に入ってくるよう、小布施で若者版ダボス会議を
やりたい」と言う良三の発案で誕生。小布施町の後押しを受け、大学生や大学院生らが実行
委員会を組織した。©Shugo Urata

HLABでは学生の時に運営スタッフとして関わった複数人が、社会人を経験したのち小布施に移住
し、まちづくり関係の仕事に携わるなど、新たな縁を生んでいる。©HLAB

年から 2018（平成 30）年まで「小布施若者会議」を開催。小布施町内外の若者が集まり、合宿しながら小布施や日本の未来についての熱い議論を交わした。それをきっかけに新しい行政施策や事業が町内外で生まれ、小布施に若者が移住したり、まちづくりに関わったりする流れができていった。そして、若者会議の仕組みや活動が全国に広がる中で、若い世代からも小布施が注目を集めるようになった。

　小布施若者会議をきっかけにした新しい取り組みの一つが、2014（平成 26）年から始まった HLAB による小布施サマースクールだ。高校生を対象とした合宿型プログラムで、期間中はハーバード大学をはじめとする海外の大学生や社会人がスタッフやメンターとして小布施を訪れ、毎年新しい「小布施ファン」が世界中に誕生している。

3

まちづくりの
センスを磨く
ヒント

ここまで、二人の市村の「センス」が生まれた
背景や、そこから結実したまちづくりの成果を
見てきた。

二人の言葉や行動から、まちづくりのセンスを
磨くためのヒントになるものを、読み解いてい
きたい。

01
持てる力のすべてを
地域に注ぐ

小布施堂は地域密着というより、地域と運命共同体でいこうと決めた。（次夫）

　30代の二人は、これからの小布施堂のあり方を毎晩のように語り合った。当時は、メディアに「栗菓子戦争」という言葉で取り上げられるほど、競合他社との競争が激しかった。当時の小布施堂の売上高は、栗菓子屋の中で三番手。売上上位の2社は、小布施の店舗に力を入れながらも、町外への店舗展開を積極的に行っていた。

　そこで二人は、三番煎じの戦略はとらず、本拠地の小布施に持てる力のすべてを注ごうと決めた。古くなっていた工場も郊外に移設するのではなく、小布施の中心市街地に造り、町の景観に寄与するような建築にした。建築家の宮本忠長の設計による工場「傘風舎」は、人々が美術館と間違えて訪ねてきてしまうほど洗練された建物になった。

　二人にとって栗菓子屋同士の切磋琢磨は、文化競争だった。栗菓子の中に自分たちの文化性や歴史性を表現し、いか

小布施堂は、工場「傘風舎」の前に広がる土地を「笹のひろば」として整備し、一般に開放している。（撮影 大井川茂兵衛）

にファンになってもらうかという競い合いだった。だからこそ、30代の二人は文化人や芸術家、経済人たちとのネットワークを深め、自分たちのセンスを磨くことを意識した。

　小布施以外に直営店を出さない代わりに、良三を中心に全国の百貨店に営業し、催事などに出店した。そこで栗菓子を通して「小布施においでください」という思いを伝え続けた。

02
アンチテーゼから
考える

町並み修景事業は、ゾーニングに対するアンチテーゼ。きっちりゾーニングされていると秩序だっていて効率的だが、住んでいてつまらない。（次夫）

　高度経済成長期を経た日本では、住宅地帯、工業地帯、商業地帯のようにゾーニングすることが都市計画の基本とされていた。大学卒業後、信越化学工業に就職した次夫は、転勤先の茨城県で、鹿島工業地帯の近くに暮らしたことがある。ゾーニングされた都市は効率がよく秩序だっている。しかし、町としてのおもしろみがないと感じた。

　30代で小布施に戻り、町並み修景事業を始めた時、その経験を思い出し、アンチテーゼを考えた。住宅、工場、商店など様々な機能を持つ場所が一つのエリアに混在しているほうが住む人々にとって暮らしやすく、訪れる人にとっても楽しい町になる。人々の話し声や機械が動く音、匂い、時には「猥雑さ」さえも、その土地の魅力を演出するものになる。

　もう一つのアンチテーゼは、町並み保存運動と再開発への

北斎館と高井鴻山記念館をつなぐ栗の小径。栗の木のレンガが敷きつめられ、温かな印象を与える。

疑問から生まれた。当時、町並みを生かしたまちづくりといえば、古くからの伝統的建造物を保存する活動が主流だった。30代の二人は全国各地を見に行ったが、古い町並みが凍結保存されている町は「おもしろくない」と感じた。昔ながらの景観を守るために、人々の生活の営みが犠牲になっているからだ。

　一方、すべてをスクラップ＆ビルドする再開発にも魅力を感じなかった。「その土地にある建物や歴史を大切にしつつ、古いものに調和する町並みを創造していきたい」と二人は考えた。

　「町並み修景」という新しい概念は、この二つのアンチテーゼから生まれた。

03
合意形成のため、
対話を重ねる

合意形成は、その地域に何回通って、何回同じ話をしたかに尽きる。大切なのは、熱量と頻度です。（良三）

　町並み修景事業は、関係者全員が満足できることを目指して、2年間で100回以上の話し合いを行った。

　町長時代の良三も、その姿勢は変わらなかった。2004（平成16年）11月、周囲に押される形で、良三が町長選に出馬する。良三が出馬を承諾した時には町長選まで40日を切っていた。そこからすべての集落を歩いてまわり、まさに地を這うような選挙運動を展開した。そうして小布施を歩きまわるうちに、良三はそれまで知らなかった小布施に出会った。

　小布施は27の自治会に分かれている。それぞれの地区に独自のお祭りや気風があり、住民は自らの土地に誇りを持っていた。「町長になったら、そうした地域の文化や歴史の多様性に敬意を払い、地域の方々の思いを徹底的に聞こう」と心が決まった。

良三は自治会ごとのお祭りや飲み会にも積極的に顔を出し、様々な人の話に耳を傾けた。

町長に就いた良三は、自治会ごとに住民に集まってもらい、町の重要政策について直接説明し、意見を聞く「町政懇談会」を毎年開催するようになった。集落ごとに開かれるお祭りや飲み会にも積極的に顔を出した。たとえ酔った人に罵声を浴びせられることになっても、本音を言ってもらえたほうがいいと考え、どの地域でも住民と一緒にお酒を飲んだ。

　町長を引退した良三は、ある小さな村の若手リーダーから、住民との合意形成についての悩みを相談され、こうアドバイスしている。「その村の大人が2,000人いるとしたら、村長に『村の今後について話したい』と、ひとこと断りを入れて、10人ずつの集会をやりましょう。それを200回やれば、お一人ずつ考えがわかります。賛成、反対も含めて一つの村の意思が生まれてきます。つまり、1年もあれば、村全体の方向性が見えてきます。そのくらいの熱量と頻度で、20年くらいかけるつもりで取り組めば、他にはない見事な村になります」。

04
歴史の精神に学ぶ

江戸時代の小布施は、 いまとは比べものにならないくらいすごかったのかもしれない。 経済の繁栄を基盤としながら、 自宅や寺でサロンを開き、 江戸や京都の文化を、 自分たちなりにアレンジして積極的にこの地に取り入れていた。 （良三）

　二人は歴史を掘り下げ、そこに流れる精神を学ぼうとする。30 代で小布施堂の経営を担うことになった二人は、小布施の江戸中期から幕末にかけての繁栄に注目した。それは、高井鴻山が北斎を小布施に招いた時代だ。鴻山の自邸は文化・政治サロンの役割を果たし、勝海舟、松平春嶽、佐久間象山、大塩平八郎などの思想家や文人墨客たちと多彩な交流が行われた。人々の交流によって、江戸や京都の文化や情報を取り込み、小布施独自の文化を築いた。当時の人々にとって江戸や京都との交流は、いまの時代に置き換えれば、世界を相手にしているくらいのスケールだったはずだ。二人はその時代を手本に、高い視座を持って、外からの情報を取り入れ、独自の文化を築いていくことを小布施堂の経営戦略とした。

市村邸の正門。260年以上前につくられ、北斎もこの門をくぐったといわれている。
（撮影 大井川茂兵衛）

そして江戸時代以降も、小布施の人々が外からの文化を受け入れてきたことに注目した。昭和の初めに聖公会カナダ支部の要請に応えて、結核療養所を受け入れた。さらに戦後、初代公民館長には地元の人ではなく疎開をしていた林柳波を迎えている。小布施の人々は外から来た人々を大切にしながら、自分たちを磨いてきた。そうしたあり方こそ、先人たちから受け継ぎ、未来へと伝えるべき精神だと二人は考えた。

地元の画家によって描かれたという高井鴻山像（個人蔵）。小布施の人々は、高井鴻山のことを親しみを込めて「鴻山先生」と呼ぶ。

05
旅をして、本物を見る

カンポ広場の草競馬は地区対抗レースだから、重要なレースではないんだよね。でも、その町にとっては重要。いますぐ全国的に注目されるかという基準で考えがちだけど、「その町の人たちにだけ重要」っていう価値があればあるほど、おもしろいんですよ。（次夫）

　町並み修景事業が始まり、二人は全国各地を見て回った。印象的だったのは、大分県の由布院（ゆふいん）だ。何のつてもなく訪ねた若い二人を、由布院のまちづくりの中心人物だった溝口薫平（みぞぐちくんぺい）や中谷健太郎（なかやけんたろう）が温かく迎えてくれた。彼らとの刺激的な交流や、景観と馴染むように造られた建物群から学ぶところが多かった。一方で、九州を代表する観光地である由布院と小布施とでは、目指すべき未来が違うとも感じた。

　町並み修景事業の参考になればと、ヨーロッパにも足を運んだ。特にイタリアの旅が印象深かった。ローマでは、歴史ある建物であっても内部の空間は現代的で快適になってい

イタリア・シエナにあるカンポ広場。半円形の広場は地形に合わせて傾斜していて、人々が寝そべったり腰をおろしたりしている。

た。丘陵地に築かれたアッシジの街は、地形を生かした曲線が印象的な道がつくられていた。それらは、小布施のまちづくりへのヒントになった。

二人が「世界最高の空間」と口をそろえるのは、シエナのカンポ広場だ。中世の美しい町並みの中につくられた広場は、年２回、周囲の石畳に土を敷き詰め、地区対抗の草競馬の会場になる。地元の人たちが競馬を楽しんだ後は、その土はすっかり片づけられる。その土地の主役である住民たちの息遣いが感じられる、美しい広場だった。

この体験が、のちに小布施堂、高井鴻山記念館、長野信用金庫の共同駐車場である「幟の広場」を考えるヒントになった。駐車場でありながら、車を締め出せばイベントを行う広場としても使うことができるように設計された。１台ごとの駐車スペースは風紋のような曲線で表現され「風の広場」との愛称もつけられた。

06
地元の木や土、
石を使う

地元の木や土、石を使えば、町並みは美しくなる。
（次夫）

　町並み修景事業の参考にしようと、全国各地を見てまわった二人は「建物や町並みは人を元気にするのが重要な機能。その方向性さえあれば、歴史的な再現性や建物の使用目的などには、ある程度、鷹揚であるほうがいい」と結論づけた。それが昔ながらの町並みを凍結保存するのではない、「町並み修景」という考え方につながっていく。

　一方、建物や町並みを美しくするコツも学びとっていく。一つは「その地域でとれた木や土、石を材として使う」ということだった。そうすると、建物が風景に溶け込む。それは、かつて二人が子どもの頃に見た原風景の姿でもある。

　もう一つコツがある。二人は「美しさと楽しさを混在させるコツは、可変性のあるものに派手な色を使い、動かないものには落ち着いた色を使うことだ」と言う。のれん、車、人の服などの動くものには鮮やかな色、建物などの動かないも

のにはマットで沈んだ色。その対照によって、町並みに美し
さと楽しさを混在させることができる。統一感のある町並み
は美しい。しかし、秩序だって統一されているだけでは楽し
くない。それらの両方がなければ、町はおもしろくないと二
人は考えた。

小布施によく見られる土壁。その材として、家の敷地内や田畑など身近なところから調達さ
れた土が使われた。(撮影 大井川茂兵衛)

小布施堂本店にあるラダーバックチェア。（撮影　大井川茂兵衛）

07
伝統に
新しさを加える

奈良に行って、千年という時のフィルターを通して、建物や空間を見てみるんです。当時の人々にとって、赤色や金色が使われた壮大なスケールの建物が新しくできた時は、強烈な違和感があったはず。次の文化、次の和を目指すというのは、そういうことです。（良三）

　二人は、町並み修景事業の一環として小布施堂の新店舗の構想を練っていた。栗菓子屋なので、和風の建物になる。しかし、「そもそも和風とは何だろう」と考えていた。

　良三は、奈良の唐招提寺を見た時、その美しさが身に染みたと言う。特に、ぐし（屋根の頂上部分）の水平な直線に、魂が射抜かれるような思いをした（p125 写真）。一方、朝鮮半島や中国のお寺のぐしは曲線で、落ち着かないと感じた。その時、日本人としての感性に自然になじむということが和風の定義なのではないかと考えた。同時に、当時の人々からしてみれば、鮮やかな赤や金の色彩を使った壮大な建物は衝

ラダーバックチェアの格子模様をオマージュして、本店の外壁や扉がデザインされた。
（撮影　大井川茂兵衛）

唐招提寺。ぐしの水平な直線が美しい。©kazukiatuko/PIXTA

撃的だったはずだ。それならば、自分たちも「次の和風」を
目指そうと決めた。

　では、新しい和風とは何だろうか。和風の本質は直線にあ
るのではないかと議論する中で、ジャポニズムの影響を受け
たスコットランドの建築家 チャールズ・レニー・マッキン
トッシュに注目した。二人は、「小布施堂のコマーシャルフィ
ルムを撮る」という名目で、デザイナーの原山尚久とともに、
マッキントッシュの建物が多く残るグラスゴーを旅した。

　1986（昭和61）年、小布施堂本店が完成。和を基調とし
た落ち着いた雰囲気の中に、モダンなデザインがアクセント
として光っている。2階へと続く階段には、マッキントッシュ
の代表作であるラダーバックチェアが置かれた。店舗の外装
や内装には、この椅子からインスピレーションを得たデザイ
ンが使われている。二人の新しい和風への挑戦が感じられる
空間となった。

08
「地」を生かす

建物を設計する時、建物だけでなく、地形や環境など背景にある「地」を大切にしないと駄目だ。背景には、歴史も入る。そこにあるものが、当時どのような思いでつくられ、使われてきたのかも考えに入れないといけない。(良三)

　５年をかけた町並み修景事業は、二人に様々な学びをもたらした。その一つが建築用語で使われる「地と図」の考え方だ。「地」は敷地や背景や風土で、「図」は建物を指す。

　町並み修景事業で活躍した建築家の宮本忠長は「地」を生かすことがうまかった。もともとの自然の地形を生かした空間設計をする。そうすると、そこは懐かしさが感じられる空間になる。たとえば、宮本が設計した町役場庁舎が建つ場所には、かつて中学校の校舎が建っていた。大人になって故郷に戻ってきて、隣にある小学校のグラウンドから役場庁舎を眺めた時、良三はそこに昔の中学校の面影を感じたと言う。建物は変わっても原風景は変わっていなかった。

　二人は、新しく建物をつくるとき、地形やその土地に何があったのかという歴史を意識し、「地」を生かすことを大切にする。

そして、周囲の建物との調和も大切にした。北斎館近くに栗菓子工場「傘風舎」を建てた時、周囲の建物にあわせて瓦屋根にした。次夫は本宅の隣に離れを増築する時も、建物の高さを周囲に合わせ、昔ながらのたたずまいを生かすように心がけた。

　小布施は扇状地で、町全体が北西方向に向かってゆるやかに低くなっている。一連の増改築によって、北斎館から北西方向にあたる町並み修景事業の行われたエリアを見渡すと、切り妻屋根が幾重にも重なり、瓦葺きの屋根が連なる景観が一望できる。それは、日本各地で消えようとしている昔ながらの集落の風景を思い出させるものだ。

　小布施の町並みは、どこか懐かしくて、ほっとする。それは、その土地の地形や歴史である「地」が生かされていることが、要因の一つなのだろう。

瓦屋根がまるで波をつくっているかのような景色は、どこか懐かしい日本の原風景を思い起こさせる。

09
風景を観察する

道は真っすぐよりも、曲がっていて先が見えないほうがいい。曲がった道のほうが楽しいし、気持ちいい。（次夫）

　二人は風景をよく観察している。高校生の頃、大阪で働いていた良三の兄を訪ねて、何度か遊びに行った。その頃の二人にとって、電車から見えるサントリー山崎蒸溜所の建物があこがれだった。「蒸溜所の美しいたたずまいがいちばんよく見える路線を選んで乗った」と振り返る。

大阪府にあるサントリーの山崎蒸溜所。里山の中に調和するレンガ色の建物に当時の二人はあこがれた。

次夫はいまでも車窓からの風景をじっと観察する習慣がある。新幹線に乗っても、本を読んだり仕事をしたりせず、「風景を見ながら情報収集している」と言う。そして気になる風景があると「なぜ、こうなっているのか」と考える癖がある。

　二人は、「道は真っすぐよりも、曲がっているほうがかっこいい」と言う。そのセンスも二人の観察眼から生まれている。次夫は「日本の古い町並みや旧道を見ていると、真っすぐな道などなかったことがわかる。真っすぐなのは、寺や神社の参道くらいでしょう」と語る。良三も、イギリスを訪れた時、ほとんどの道が曲がっていることに気がついた。しかし、ある村の中に突然、真っすぐな道が残っていた。「それは、ローマ人の道なんです。戦争の時、戦闘用馬車が一直線に行けるように真っすぐにしたのでしょうね。真っすぐな道というのは、結局、人のためではなく車のためのものだという感じがします」。

10
前例がないことを
目指す

外からの評価は、批判を溶かす特効薬。そのためには、どんなに小さいことでも日本で初めてを目指さないと駄目なんだ。（良三）

　町並み修景事業は約5年かかるプロジェクトだった。民間が主導しているとはいえ、行政が関わっている事業では「あのエリアにばかり、なぜ予算を使うのか？」という批判も出てくる。二人はその批判を溶かす薬は、外から評価されることだと考えた。どんなに小さなことでも日本で初めてのことを目指したい。それは北斎館の建設で批判を浴びつつも、成果を残して、その価値を証明した市村郁夫の教訓でもあった。

　町並み修景事業にあたって、町行政は応分の必要な費用を分担するだけで、町や県・国からの補助金は一切受けないと決めた。補助金が認められるということは、日本において前例があるということになると考えたからだ。

　結果として、町並み修景事業も全国から高い評価を受けた。町の人たちにも景観への意識が波及し、町並みに配慮した店

小布施若者会議の一幕。「町全体が会議場」をコンセプトに、図書館や畑など地域の暮らしを肌で感じながら意見交換を行った。写真は小布施堂内の本宅（次夫宅）前広場。

舗や住宅が増えていった。外からの評価は、いつの間にか批判の声を溶かしていった。

　町長時代の良三も、個人や企業から町に持ちこまれる新しい提案に積極的に耳を傾け、支援を惜しまなかった。全国から35歳以下の若者を集めた「小布施若者会議」でも、地域の課題だけでなく、日本社会のこれからのあり方を議論することを期待していた。「小布施の人口は約11,000人。これは日本の人口のほぼ1万分の1で、日本の縮図とも言えます。ここで実現したら、日本全体でもできるかもしれない。これからの未来を考える社会実験の場だと思ってください」と、しばしば語っていた。

　地域にどっしりと根ざしながらも、広い視野を持つことを忘れない。やるからには、まだ誰もやったことがないことを目指す。それが二人に共通するセンスだ。

11
絵や言葉で、
ビジョンを共有する

デザイナーと話し合いをしながら、イメージを絵にしてもらった。絵にすると共有しやすいんですよ。文字通り「絵に描いた餅」だね。(良三)

　町並み修景事業では、マスタープラン（基本的な構想計画）はつくらなかったが、話し合いから生まれたイメージを絵にしてもらうようにした。そうすることで、ビジョンが共有しやすくなった。1980年代、地元の新聞社が発行する雑誌に10年後の小布施堂界隈を描いた広告を出したこともあった。いまの小布施堂界隈を見ると、ほぼその時に描かれたイメージ通りになっている。

　二人は、ビジョンを伝えるためのキャッチフレーズにも工夫を凝らした。新しいことに挑戦しようとする時、それをピタリと言い表す言葉が見つからないことがある。そうした時には、新しい言葉を生み出してしまう。「町並み修景」はその代表的な例だ。いまでは、日本全国のまちづくりや建築関係の人々に、標準語のように使われている。

当時、雑誌にも掲載した小布施堂界隈のイメージ図。人が行き交うにぎやかな町の様子が描かれている。

12
自分たちが住んでいて、楽しい町をつくる

本物の観光とは、生活文化の交換である。（良三）

　町並み修景事業をはじめとしたまちづくりを経て、小布施には年間120万人以上の人々が訪れるようになった。しかし、二人は、「まちづくりの目的は観光ではない」と言う。

　二人は、「結果観光」という言葉をよく使う。「自分たちの生活を楽しく、豊かにすることに力を注げば、結果として人々がそこに集まってくる。まちづくりの主役は、あくまで地元の人々だ。観光の本質は、生活文化の交換であって、町に来た人数や土産物を売り上げた金額を指標にすべきではないはずだ」と言う。

　歴史的に見ても、小布施は観光が主産業であったことがない。だからこそ、町並み修景事業でも暮らしている人や、働いている人たちが楽しくて居心地がいい、本物の空間をつくろうと、知恵を絞った。その結果として、多くの人たちが訪れたくなる上質な空間ができあがった。「人集めを目当てにした目的観光では駄目。日本の観光地の主流は目的観光。主

小布施堂本店前。散策を楽しむ人たちの姿が多く見られる。左奥は、長野信用金庫の小布施支店。切妻瓦葺きで、入り口ではのれんが出迎えてくれる。

役である住民が楽しんで豊かに暮らしていて、振り返ったら人が来ていた、というのがいいんだ」と二人は語る。

　次夫に「まちづくりのビジョンをどう描いたのか」と尋ねると、こんな答えが返ってきた。「自分たちが年をとった時、車を使わず町の中を歩き回れたり、お茶ができる場所が近くにあったりしたら楽しいだろうと思ったんです。おもしろい発想は真面目な会議の議論からではなく、冗談のような会話から生まれたりするものですよ」。

小布施堂本店のおせち料理。小布施堂自慢のおせち鹿ノ子をはじめ、金柑や田作りなど祝いの席を彩る手作りの品が詰まっている。

13
業界の慣習に
従わない

会社として利益が上がったとしても、同じことを
繰り返しているだけではあまりおもしろくない。
いつも新たなことに挑戦しているから、心がワク
ワクしている。合理的に利益だけを追って、無駄
なことを省き、ワクワク感がなくなってしまうの
なら、小布施堂である必要がない。（次夫）

　小布施堂が誇る、高いレベルの食文化はどのように育まれ
たのだろうか？

　1987（昭和62）年、小布施堂が初めてレストランを開業
する時、当時29歳だった料理研究家の土井善晴にメニュー
やサービスの監修を依頼した。そして、小布施堂の社員の中
から志願者を募って、土井の父が校長を務める土井 勝 料理
学校（大阪市）に修業に出した。料理の素人だった社員をゼ
ロから鍛えることにしたのは、プロの料理人を新たに雇うと、
外食産業の慣習が持ち込まれ、地域や店の特徴を出しづらい
と考えたからだ。たとえば、外食産業では原価率３割以下が

基本だといわれる。小布施堂では、材料の原価に4割以上をかけ、1品ずつスタッフが説明しながら客のもとに届ける。そうすると、コストがかかるので、外食産業のプロはまねしようと思わない。

　料理経験が少ない料理人であっても、1種類だけであれば、一生懸命に励めば高いクオリティを出せるだろうと、メニューを限定した。しかし、それだけでは料理の領域が広がらない。技量を磨くため、おせち料理とパーティー料理はつくることにした。メニューと料理人の育成がセットになった、独自のスタイルが生まれた。店の規模の拡大や多店舗展開をする気がなく、小布施に来てもらうことが目的だったからこそ取れた戦略だった。

　さらに和菓子も月替りで数種類を作るようにした。その商品自体が開発コストに見合わなくても構わない。新しいものを創作し続け、技を磨き続けることが会社全体の潜在力につながると考えた。実際に、新型コロナウイルスの感染拡大でテイクアウトや通信販売の需要が増えた時、これまでの月替りの和菓子の中からピックアップし、さらに改良することで、新商品が誕生した。

　じつは小布施堂は、2020（令和2）年ごろまでの10年間以上、赤字状態が続いていた。次夫はそれでも、目先の利益ではなく、未来を見据えながら、新しいことに挑戦し続けることにこだわった。その成果がじわじわと実り始めている。

2019（令和元）年ごろから業績が伸び、2022（令和4）年にはコロナ禍にあって売上・利益ともに過去最高を記録した。

　いま、小布施には、小布施堂で良三と次夫の薫陶を受けた数人の料理人たちが独立して、町内でそれぞれにレストランを運営している。次夫は「小布施町内でのこうした広がりも、味わい空間を構想した当初から念頭にあった。一つの企業だけでは広がりはない。地域の集積性が大事なんです」。二人の願いの通り、小布施にはイタリアン、中華、和食、ジェラートなど、意識と技のレベルの高い料理人たちのレストランが集積しつつある。

良三と次夫は、イベント後のアフターパーティーでの交流も大切にした。

14
客人をもてなし、交流する

信頼を築くためには、「何人の観光客が来て、いくらのお金を町に落とした」みたいな話はしないでほしい。よそから来た人は必ずいいことをもたらす。よその文化を大切にして体内に取り込んでいくことこそ、小布施らしさなんだ。（良三）

　明治時代に建てられた市村家の本宅には客用の座敷がいくつもあった。市村家には、外から来る客人をもてなし、知的な刺激を受け、新しい情報を吸収するという伝統が脈々と受け継がれてきた。これを現代の仕組みに焼き直し、交歓の場を再現したいという思いでつくられたのが、小布施堂の宿泊施設「桝一客殿」やレストラン「蔵部」だ。「本来ならわが家にお泊まりいただくべきですが……」という気持ちを込めて、客人を迎え、もてなす場を整えた。

　町長時代の良三は、「協働と交流のまちづくり」を旗印に掲げた。良三は、町内外の人たちを家に招き、一人一人の話を熱心に聞いて交流し、自らその指針を体現していた。その

中でおもしろい提案があると、「ぜひやってください」と言って後押しをした。交流によって信頼関係が育まれ、そこから協働が生まれることを期待していた。「この町に住んで一緒にやってください、と無理強いすることはない。ある一定の期間だけでもいい。交流から始まって、その人のやりたいことを小さくてもいいから実現してもらう。たとえば、外から来た方が座談会を開いてくれたら、この地で生きている人だけでは生まれない発想がもたらされる。それは立派な協働だと思う」と良三は言う。

　良三は、冗談まじりに「町の花はリンゴ、町の木は栗、町の虫は……アリ地獄」と話していた。チャーミングな町には、魅力的な人や企業がどんどん引き寄せられる。通っているうちに、やがては住み着いてしまう人もいるかもしれない。その人が小布施でさらに力をつけて魅力的になり、その人に引かれて、また新しい人たちがやって来る。「アリ地獄の穴に落ちたアリが、小布施人としてアリ地獄になる好循環が連鎖していけば、小布施はずっとおもしろい町であり続ける。そんなアリ地獄のような人や町でありたい」と語っていた。

15
人が輝く瞬間を
応援する

何かを始めようと10人が集まれば、その中に前のめりの人が必ずいる。その人に主役をやってもらうのがいい。（良三）

　新しいイベントを始める時は、やりたいと言い出した人やいちばん思い入れが強い人に責任者を任せてきた。人には誰しも、得意なことや思い入れのあることがある。思いを持った人が主役を務めることで、みんなに光が順番に当たってほしいと願った。

　思えば、高井鴻山が北斎を初めて小布施に迎えた時、鴻山は30代前半だった。良三と次夫は町並み修景事業では、「30代だった自分たちが主役をやらせてもらった」と感じていた。しかし、それは周囲の人々の応援や理解があったからこそ、実現できたことだった。

　どんなに小さなことでも、自ら考えて企画し、推進する。二人は、そのプロセスこそが楽しく、人を大きく成長させるものだと実感していた。

イベントの時に人々の前で挨拶する町長時代の良三。メモを用意しないで、一人一人に語りかけるようなスピーチが印象的だった。

　誰の人生にも「輝く瞬間」がある。周囲の人間はその人が輝く瞬間を見逃してはいけない。その人を応援して、夢や目標を実現するために力を尽くす。そして、また別の機会には主役を交代し、新たに主役となる人を応援する。それこそが「協働」の姿だと考えた。

　町長になった良三は「協働と交流のまちづくり」を旗印に掲げた。町長になると「協力するよ」と声をかけてもらうことが増えた。それ自体はうれしかったが、良三は「協力と協働は違う」と考えていた。協力はその人に力を貸すということだが、協働はその人自身が当事者になることだ。良三が目指したのは、全員が主体的な当事者になるまちづくりだった。

16
世代間の交流をする

自分が生まれてから身につけた価値観はいかに底が浅く、幅が狭いかを時々振り返ってみる必要がある。何年生きたかは大して関係がない。若い人は、いまの時代を教えてくれる先生だ。(良三)

2012(平成24)年、町長だった良三の発案で、小布施内外の若者との協働を進める第1回「小布施若者会議」が開催された。当時、2011(平成23)年に発生した東日本大震災の傷も癒えない中、多くの若者が日本や自分自身の未来に不安を感じ、現状の延長線上ではない新しい未来のあり方を模索していた。「小布施を、日本一おもしろい町にする」をコンセプトに、新しいライフスタイルや事業を提案する若者を募ると、全国から240名を超える若者が小布施に集まり、熱い議論を交わした。

さらに、その翌年からはHLABによる高校生向けのサマースクールが始まった。ハーバード大学の学生をはじめとした海外からの大学生や国内の大学生が、スタッフとして毎年小布施にやって来るようになった。

良三は若者たちを自宅に招き、熱心に話を聞いた。若者た

HLABの参加者たちは、フィールドワークやホームステイを通して、地元の人たちと交流する機会がある。©HLAB

ちの話からいまの時代を感じ取った。たとえば、「日本が再生可能エネルギーに転換するならば、いまのような安定供給を諦めることを覚悟しなければならない」という話を聞いた時、良三は子どもの頃は停電が多かったことをふと思い出した。「上の世代は自分の人生を振り返って、若い世代に伝えられる経験がある。新しい価値観は、世代間での交流から生まれるかもしれない」と感じた。良三の熱意によって、若い移住者が増え、町役場の職員になった人や小布施で起業した人もいる。

　人は年を重ねるほど、若い人たちに自分たちの価値観を押しつけがちになる。良三は、「生きた年月の長さにとらわれることなく、いまの世の中やこれからの地球について、若い人たちと本気で話していかなければいけない」と感じていた。

小布施ッションは 2001 年から 2013 年までの 12 年間、計 144 回続いたイベント仕立ての文化サロン。毎回異なるジャンルのゲストスピーカーによる講演と全員参加のパーティーで構成されていた。この時のゲストは建築家の伊東 豊雄。

17
知恵や情熱がある人を引き寄せる

元々の住民が気をつけたいのは、きのう引っ越して来た方も原住民も同格であるということ。「3代住まないと小布施人(びと)ではない」とか、馬鹿なことを言ってはいけない。もっと言えば、小布施に住んでいなくてもいい。たとえ、1週間の会議を仕切ってくれただけでも、小布施に大変な貢献をしてくれているという敬意を持つことが小布施らしさだ。(良三)

　私は起業家にとって最も大切なことは、「いい人材を集めること」に尽きると思う。そのことを教えてくれた一人が良三だった。

　良三は、年齢や肩書きにとらわれず、きらりと光るものを持っている人を見つける目利きだった。その人が有名であるか、実績があるかなどは関係なかった。小布施若者会議やHLABに参加した若い世代であっても、知恵や情熱を持つ人たちの話を熱心に聞いた。

町で何かを一緒にやれそうだと思うと、自分の家に招いて話を聞いたり、手紙やメールを送ったり、その人とつながるための労を惜しまなかった。

　私が自然電力を起業したばかりで駆け出しの経営者だった頃、初めて良三と出会い、会食をする機会があった。その後、直筆のお手紙をいただいて驚いた。礼を尽くされれば、それに応えようと思ってしまうのが人の心だ。

　次夫を中心に小布施堂で開かれていた「小布施ッション」も同じ思想に基づいている。ゲストや参加者との交流の中から、新たなつながりが生まれることもあった。二人はこの場を通して、参加者として来ていたデザイナーの水戸岡鋭治と出会った。二人と意気投合した水戸岡はその後、小布施のまちづくりのデザインにも関わるようになる。

　良三や次夫に引き寄せられ、町の魅力を深く知るようになり、小布施に関わるようになった人は多い。経営者、研究者、建築家、デザイナーなどが小布施に関わり、いまでは世界を舞台に活躍している。

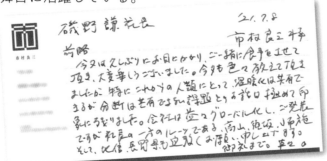

良三から著者に届いた御礼と激励の手紙。専用の一筆箋に、紺色のインクの万年筆で、簡明に綴られている。封筒もオリジナルだった。

18
たったいまの価値観で判断しない

先人たちが築いてきたいまがあって、これから
生まれてくる子どもたちが生きる未来がある。
いまは、歴史の一つの通過点に過ぎない。たっ
たいまの尺度だけで物事を考えてはいけない。
（次夫）

　「ゆく河の流れは絶えずして、しかももとの水にあらず。
淀みに浮かぶうたかたは、かつ消えかつ結びて、久しくとど
まりたるためしなし。世の中にある人とすみかと、またかく
のごとし」

　小布施堂本店の２階には、『方丈記』の一節が書かれた屏
風が飾られている。スタジオジブリのプロデューサー 鈴木
敏夫の書だ。この一節には、二人のまちづくりへの思いに通
底するものがあると言う。

　二人は何かを決断する時、たったいまの尺度だけで判断し
てはいけないと考える。先人が築いてきた延長線上にいまが
あって、それはこれから生まれてくる子どもたちがつくる未

小布施堂本店２階でのインタビュー風景。後ろに鈴木敏夫による書がある。（撮影 小林直博）

来への歴史の通過点の一つでしかない。土地も町並みも、そこに流れる精神も、過去から受け継ぎ、未来へと渡す「預かりもの」。だからこそ、何かを決める時、いまの価値基準だけで決めてはいけないと常に思っている。

たとえば、行政が並木として落葉樹を植えると、市民から「落ち葉は誰が掃除するのか」と苦情が来る。一方、昭和30年代までは、並木として植えられた木々は、その道の前にある家の人が大切に手入れや落ち葉掃きをしていた。当時の道には車はほとんどなく、自転車や荷車、人間が中心だった。いつの頃からか道は道路になり、道路は車が通る場所になった。道路や並木の管理も行政の仕事だから、行政がやればいいという雰囲気になった。

二人は「過去の時代に戻れとは言わないが、本当にいまのままでいいのだろうかと問い直したい」と言う。「車が中心の道路ではなく、そこに通っていた精神性や歴史を大切にした道をつくりたい」。その思いから、二人は小布施堂本店の前を通る国道403号線のあり方を考え続けている。

→ 4・Section 3（P166）へ

19
二人で役割を
分担する

**同い年で同じ所に生まれ育って、人生の重大な
相談がいつでもできる人間が身近にいるという
のは楽だよ。二人いたから精神的に楽だったね。
（次夫）**

　良三と次夫は、お互いにとって唯一無二の存在であり続け
た。30歳前後で小布施に戻ってきた後、次夫は小布施堂の
代表取締役社長、良三は副社長・営業部長として経営にあた
り、小布施のまちづくりをリードするようになる。

　次夫より数年先に帰郷していた良三は、次夫の父である郁
夫から、まちづくりの考え方を直接聞く機会が多かった。父
の死後に帰郷した次夫に、良三は郁夫の考えていたことを伝
え、二人で徹底的に語り合った。そして、二人で手分けして、
全国各地の和菓子屋やまちづくりの先進地を見て歩き、意見
を交わした。その中で、小布施堂の戦略やまちづくりのビジョ
ンが生まれていった。

　会社の中では、「３年より先のことは次夫が決め、３年以

内のことは良三が決める」と役割分担をしていた。たとえば、正社員の採用には次夫が関わるが、パートやアルバイトの採用は良三だけで決めた。

　次夫がビジョンを描き、それを具現化していくのが良三だった。次夫が未来を見据えて大きな投資をしていくのに対して、良三は全国各地の百貨店などに営業して回り、経営を支えた。

　良三は、次夫に対して常に一歩引いているように見える。その理由を尋ねると、こんな答えが返ってきた。「次夫さんは盟友であるし、同志であるし、二卵性双生児でもあるけれど、次夫さんへの圧倒的な尊敬がある。これはいまだに変わらない。考えていることの次元が違う。彼はイマジネーションの天才だよね」。

　良三が町長に就任してからは、二人はプライベートで話し合う時間を、意識的にあまり持たないようにしていた。町長としても小布施堂をひいきすることがないよう心がけ、「人の上に立つ人ほど、公私の区別をきちんとしなければならない」と自らを律していた郁夫の教えを守っていた。

　良三から公職という肩の荷が降り、再び二人は共にまちづくりを語り合う。2023（令和5）年には、次夫が理事長を務める北斎館の副理事長に良三が就任した。そこで二人は、北斎館の駐車場を緑の広場にするという壮大な構想を描いている。

小学校入学時に撮った写真と同じ市村邸の正門で同じポーズで写る二人。

4

「インフラ」を
自分たちの手で

町並み修景事業に代表されるハード面のまちづくり、協働と交流を旗印にしたソフト面のまちづくりを経て、近年の小布施は次世代のインフラのあり方を模索している。

その根本には、二人が40年以上前から考えてきたまちづくりの構想がある。それは振り返ってみれば、いまの世界最先端のまちづくりに通じるものだった。

ここでは、二人がこれからの小布施にどんなビジョンを描いているのか、見ていきたい。

Section 1
エネルギーの自給自足を模索

　小布施は、1980 年代から町並み修景事業に代表されるような建物などハード面のまちづくりに取り組んだ。その後、町長となった良三は「協働と交流」を掲げ、ソフト面でのまちづくりに力を入れてきた。そして近年では、小布施らしいインフラのあり方を模索している。

　そのきっかけの一つは、2011（平成 23）年に発生した東日本大震災だった。小布施では地震による被害はなかったものの、福島第一原子力発電所の事故に強い衝撃を受けた人々も多かった。環境やエネルギーへの関心の高まりを受け、町民が学べる場をつくろうと、2012（平成 24）年、「小布施エネルギー会議」がスタートすることになった。町長であった良三は、この企画のコーディネートを当時起業したばかりの自然電力株式会社に任せてくれた。

　小布施エネルギー会議は、1 年間にわたって行われた。自然エネルギーに取り組む企業、研究者、NPO、建築家など幅広い分野の専門家を招き、住民たちが小布施で利用可能な自然エネルギーを共に考え、検討した。

　そこでの議論を経て、2018（平成 30）年に自然電力として初となる小水力発電所が、小布施の南側を流れる松川で稼

働することになった。さらに、小布施町、自然電力、地元でケーブルテレビ事業を展開する Goolight の 3 社が共同出資して、小水力で発電したエネルギーを地域で販売することを目指して「ながの電力株式会社」を立ち上げた。

　この小水力発電所の年間発電量は約 110 万ワットで、一般家庭約 350 世帯の年間使用電力量に相当する。この小水力発電所によって、小布施町内の約 10% の電力を自給できるようになった。

　同時に、小布施だけではエネルギーをまかなうための自然資源に限界があることも見えてきた。そこで良三は、「周辺自治体と協力して、北信濃地域が必要な電力を 100% 再生可能エネルギーでまかなえるようにしたい」と夢を語っていた。

Section 2
環境防災先進都市を目指して

　2019（令和元）年10月12日、令和元年東日本台風（台風19号）が東日本を通過した。その台風がもたらした大雨によって、13日未明に小布施町の西側を流れる千曲川が越水氾濫。その洪水によって町内の住宅や店舗が浸水した。さらに川沿いの畑が水没し、リンゴや栗などの農作物、農機具など1億円以上の大きな被害をもたらした。

　この台風災害の経験を教訓に、小布施町では水害ハザードマップを更新し、防災訓練のあり方や水害時の避難所の指定を見直した。さらに、自治会と協力して、住民一人一人が災害時の避難方法をあらかじめ検討し作成する「わが家の避難計画」の普及啓発に力を入れた。

　それと同時に、災害発生の原因の一つである気候変動や環境問題にも町民の関心が集まるようになった。気候変動によって想定もしていなかったような災害が、自分たちの身近でも起きるかもしれない。そうした共通認識が生まれつつあった。

　良三は、2020（令和2）年1月、町報に掲載された年頭の挨拶で、次のように語っている。

　「防災対策の推進に加え、昨年8月には、災害発生の根本

台風19号で被災直後の小布施。自ら公用車を運転し、浸水した地域を見てまわった良三の後ろ姿が中央に写っている。

原因の一つといわれる地球温暖化対策の一歩として、長野県の自治体としては3番目となる『世界首長誓約』への署名を行いました。低炭素社会の実現や廃棄物の削減・再利用の促進などに向けて、専門家と連携しながら各種調査に取り組んでいます。今年度から計画期間がスタートした第六次総合計画を踏まえながら、災害に強く、環境にやさしい環境防災先進都市を目指し、今年はより具体的な検討に取り組んでまいる所存です」。

Section 3
道の再構成——車中心の道路から、人中心の道へ

　2020（令和2）年1月21日、良三は4期16年務めた町長を退任した。その良三が町長在任中から取り組み続け、退任した後も情熱を燃やし続けているプロジェクトがある。それは、町の中心部を通る国道403号線の整備だ。

　この構想のきっかけは、1981（昭和56）年にさかのぼる。長野県の都市計画により、小布施の中心部を通る国道403号線の道幅が16mに拡幅されることが決定された。この決定に対して、町並み修景事業に取り組み始めていた良三と次夫は「本当にそれでいいのか？」と強い疑問を感じた。しかし、都市計画は県で決定されるので、市町村である小布施町には決定権がない。

　そこから、道のあり方について二人は考え始めた。歴史を振り返ってみると、いまの国道403号線は、江戸時代には谷街道と呼ばれていた。1959（昭和34）年ごろまで、街道沿いの家々が門前に庭木を植えて、自分たちで維持管理していた。そうやって住民たちが、美しい公共空間づくりを支えていた。

　良三や次夫が子どもの頃は、まだ車はほとんど通らず、自

1950年代の小布施の道の様子。当時の道は、人が集まって交わる広場のような役割も果たしていた。

転車や荷車、人が中心の道だった。その道では、将棋を指したり、立ち話をしたり、椅子を持ち出して人の往来をずっと眺めている老人がいたりした。昔の道は、交流が生まれる広場のような役割を果たしていた。

　しかし、モータリゼーションの波が小布施にも押し寄せる。1959（昭和34）年、国道403号線の舗装が始まると、車を中心とした道路へと様変わりした。

　他の市町村を見ても拡幅事業の弊害が感じられた。道路の拡幅事業では、沿道の建物を壊し、曲っていた道は真っすぐにする。そして、車道や歩道の幅を一定にすることで、以前

よりスピードを出して通過する自動車が増える。すると人通りが減り、町が衰退してしまう。その結果、昔ながらの町並みや景観が壊され、全国どこに行っても同じような町並みができあがってしまう。

　小布施にも様々な道路が整備されていった。町の西側には高速道路が通り、その側道の交通量を調査すると、毎日約3万台の車が通っていることがわかった。小布施町内を通る道路の整備が進む中で、町の真ん中を通る国道403号線では車のスピードを制限して、人が自由に往来できるような道にしたいと考えるようになった。良三はその思いをこう語っている。

　「昔の道を復元しろとは言っていない。しかし、道路ではなく、ここに通っていた精神や、あり様というのを大切にした道をつくりたい。ここにはそれぞれの時代の人々が育んできた歴史が含まれている。当時の人たちは家の前の道を掃除して、街路樹に至るまでその家の人が管理していた。いつの頃からか、道が道路になり、道路は車が通るものなので危ないから近寄ってはいけない存在になった。街路樹の手入れは行政の仕事になり、落ち葉が落ちれば行政に苦情が寄せられるようになった。こうしたことを考え直してみたい」。

　2009（平成21）年、町長だった良三のもとに地元の高齢者たちから国道403号線について「歩道が狭いのは仕方がないが、歩道に高低差があって歩きにくいので、何とかして

ほしい」という要望が届いた。その時、良三は「チャンスだ」と思った。そこで、国道 403 号線の沿線の住民、土木の専門家、建築家、県や町の行政職員、電力会社などに集まってもらい、国道 403 号線のあり方を考える会議を開いた。そのメンバーには、沿線に店舗を構える利害関係者の一人として次夫もいた。

2011（平成 23）年に始まった会議は、月 1 回のペースで翌年まで続いた。そして、その会議で検討したアイデアを提言書にまとめ、2012（平成 24）年に長野県知事に提案した。

長野県知事は、その提言に理解を示し、整備事業は進み始めるかのように見えた。しかし、県建設事務所から届いたのは「道幅 16m を撤回して、道幅 12m の道路にしてはどうか」という提案だった。良三たちが問題にしていたのは道幅ではなく、そこにある建物を壊して一直線の道路をつくることだった。

そこで良三は再び住民たちに呼びかけ、2016（平成 28）年に「小布施町国道 403 号新しい市庭通りを創生する会」をつくる。そこから月 1 回のペースで住民、土木の専門家、建築家、町職員などが集まり、提言を実現するための細部の検討や調整を行なった。

その間も良三は精力的に活動し、内閣府や国土交通省、長野県庁を自ら訪ね、全国初の試みとして小布施流の道の整備を進めたいと熱く語った。その熱い思いに動かされるよう

町の中心部のイメージ図。良三の講演資料より。

に、2017（平成 29）年には国のガイドラインの一つに小布
施が取り上げられた。2018（平成 30）年には長野県総合 5
カ年計画の重点事業の一つとなり、まずは小布施の中心部の
100m がモデル整備区間として工事されることになった。

Section 4
小布施らしい道空間とは？

　議論によって生まれた提言の中では、国道403号線整備で実現したい七つのことが掲げられている。

1　車道の幅は変えない
2　縁石がなく、歩道と車道をフラット化（段差5cm以内）することによるバリアフリーの実現
3　排水溝の改良や浸透性舗装の採用による雨水対策
4　民地の協力と電線電柱類の地中化による歩きやすい歩道の確保
5　官民敷地共通のペイブメント（路面の仕上げ）、ふくらみ空間の活用による休憩場所や緑化の整備
6　壁面照明や漏れ光の利用による生活の温かさがにじみ出る夜間照明
7　いまある建物を極力壊さない

　良三たちが思い描いた小布施らしい道空間とは、農商工業と生活が一体化し、そこに生きる人たちが明るくいきいきと、時にはにぎわいを味わいながら暮らせる「市庭通り」だ。「狭い通りならば、ゆっくり行こう。そんな価値観を小布施から世界で体現したい」という思いが込められている。

デザイナーの水戸岡鋭治に依頼して、国道403号周辺の構想を描いてもらったイメージ図。

172 4 「インフラ」を自分たちの手で

想像してみてほしい。国道なのに、車は時速 20km 以下で走っていく。一方、歩道は人々が出歩き、にぎやかだ。少し歩道が膨らんだ場所には屋台が出ていて、おいしそうな匂いが漂ってくる。ベンチに座ってひと休みしていると、地元の人が「どこから来たの？」と声をかけてくれる。その地元の人に教えてもらって、国道から一本奥の道に入ると、広場がある。そこではマルシェが開かれていて地元の野菜や果物が売られている。お祭りの日には、国道は車が立ち入り禁止に。歩行者天国になって、みこしが練り歩く。こんな道を、見たことがあるだろうか？

　良三は、この象徴的な道ができることで「町の中を車が先行するのではなく、人が先行するという考え方を小布施で実現したい」と語る。

Section 5
世界最先端のまちづくり

　近年、欧米を中心とした世界各地の都市で「ウォーカブルシティ」という考え方が注目されている。ウォーカブルシティとは、歩きやすいように配慮し設計された都市をさす言葉だ。

　2020（令和2）年、コロナ禍のパリでは、現職の市長が「自転車に乗って15分で様々な場所にアクセスできる街」にすることを選挙公約に掲げて当選。車中心ではなく、徒歩圏で暮らせるまちづくりが推進されている。

　同年に、日本でも都市再生特別措置法が改正され、「居心地がよく歩きたくなるまちなか」を目指す動きが各地で活発になっている。

　このまちづくりの概念は、車中心の社会を脱却し、脱炭素を実現するためにも、今後ますます注目を集めていくはずだ。

　しかし、二人の市村は、40年以上前から「車中心の道路から、人中心の道へ」「歩いて楽しい町へ」と考えてきた。長野県の小さな町で、世界の最先端をいくまちづくりの議論を続けてきたことに驚く。二人が描いた国道403号線の構想が実現した時には、小布施は世界からさらに注目される町になるだろう。

おわりに
文化とは Way of Life の集大成

　本書が生まれたきっかけは、良三さんや次夫さんに近い人た
ちだけではなく、国内外の地域で活躍する若い世代に対して、
先人から学ぶ機会をつくることを目的に、2021（令和 3）年
から数人の小布施の仲間で始めたインタビューの企画でした。
本書は、木下豊さん、塩澤耕平さん、大宮まり子さんの協力に
よってできあがりました。

　2023（令和 5）年 6 月 14 日、本書の出版を目前に、良三さ
んの訃報が届きました。良三さんは 2020（令和 2）年に町長
を退任して以来、がんの治療を受けながら、まちづくりへの情
熱を燃やし続けていました。亡くなる前日まで、一時退院して
いた良三さんは来客を迎えて、まちづくりの議論をしていまし
た。そして、私は亡くなる前日にご自宅を訪問し、結果として
最後の客人となりました。通夜と葬儀には全国各地からのべ
1,800 人が駆けつけ、良三さんの早すぎる死を悼みました。私
自身、世界各国を飛び回っている中、ちょうど小布施にいた 1
週間に起きた出来事で、お通夜にも参列することができました。
これは良三さんが引き寄せてくれた奇跡だと思いました。

出会いのきっかけは、私自身の生まれが小布施の隣の高山村<rt>たかやまむら</rt>ということもあり、自然電力の創業期に知人から良三さんを紹介されたことでした。当時、小布施町長だった良三さんは、自然電力の創業にかける想いに熱心に耳を傾けてくれただけでなく、会社として最初の仕事を任せていただきました。それは、2012（平成24）年3月から始まる「小布施エネルギー会議」をコーディネートする仕事でした。信用力のない創業したての会社に発注することは、首長として、とても勇気のいることだったと思います。私にとっても本当に大きな恩人です。

　そこでの議論を経て、2018（平成30）年に自然電力として初となる小水力発電所が、小布施を流れる松川で稼働することになりました。さらに、小布施町や地元企業と共同出資して、地域で発電したエネルギーを地域に届けることを目指した「ながの電力」を立ち上げました。

　自然電力は創業12年目。これまでに10カ国で、原発1基分以上の再生可能エネルギーの発電所をつくってきました。現在、私たちの会社には20カ国以上から多様な仲間が集まっています。

　私自身は20年近くこの業界に身を置いていますが、マイナーな産業だった時代と比べ、世界が大きく変わってきたのを感じます。気候変動が世界の共通課題と認識され、世界各国でエネルギー転換が起き始めています。また、生物多様性やその土地

の持続可能性も議論されるようになってきました。

　その経験から、地球上で加速する環境問題や気候変動といったグローバルな課題は、ローカルからしか解決できないとも感じています。グローバルな課題を解決するためには、大きな視点で世界を捉えつつ、地域の中に飛び込み、目の前で起きている事象と向き合いながら、答えのない道をつくり出していく必要があります。その時には、文化や背景、考え方が違う人たちと対話し、周囲の人たちの共感を得ながら、最後までやり切る力が必要です。

　一方、再生可能エネルギーが増えることで、景観や騒音等、地域との対立を象徴する言葉であるNIMBY（Not In My Backyard. わが家の裏庭には置かないで）も世界中の課題になっています。グローバルな環境問題とローカルな環境問題がぶつかるのです。これは人類の課題であり、逃げるべきではないと私は考えています。解決策を見つけながら、前に進まなくてはいけないのです。

　そこから導き出した一つの結論が、自然電力のパーパス（存在意義）でもある「世界のローカルをつなぐ」ということです。そのためには、ローカルが自らの地域へのプライドとグローバルな知識を持ち、自分たちの足で前に進むことが必要です。これは、二人の市村さんに教えていただいたことです。そして、これからも私たちは地域に誇りを持つローカルの人々をつない

でいきたいと思っています。

　地域の誇りは、一人一人の Way of Life（生き方）を育み、文化を創り出すことでつちかわれると思います。私自身が、二人の行動や考え方から改めて教えていただいたと感じるのは、「文化とは何か」ということでした。自分の軸は、土地や歴史から生まれるもの。自分に連なる過去からバトンが渡ってきているのです。そのバトンを受け取り、一人一人が育んだ Way of Life の集大成こそが文化なのだと思います。

　私自身も、二人に教えていただいた「地元の木や土や石を使えば、町並みは美しくなる」という学びを体現するため、屋久島で地元の杉材を使って、サステナビリティを体現できるような実験施設、SUMU Yakushima を友人たちとつくりました。このプロジェクトは、2023（令和 5）年、世界的なデザイン賞である「iF デザインアワード」建築部門の最優秀賞を受賞することにもなりました。お二人に教えていただいたことが、世界的な価値観に通じていることを改めて実感しています。

　最後に、人生に大きな影響を与えてくれた良三さんと次夫さんに深く感謝申し上げます。良三さんには、いつの日かまた、天国でたくさんのことを学ばせていいただきたいと思います。

合掌

2023 年 1 月 30 日、市村邸の正門にて。左から、次夫、磯野、良三。
（撮影 小林直博）

もっと知りたい時に読む本

小布施のまちづくりやその背景について、もっと知りたいと思った時に役立つ本をご紹介します。

『**小布施 まちづくりの奇跡**』川向 正人（2010 年 新潮社）
現代建築都市研究者の川向正人氏による一冊。小布施堂界隈の町並み修景事業の経緯が 1 冊に詳しく紹介されている新書判。

『**新建築住宅特集**』1987 年 6 月号（新建築社）
完成当時の小布施の町並み修景事業が特集されている。1987 年当時の多くの写真、設計図の他、建築家、地権者へのインタビューなど貴重な資料が載っている。

『**たすきがけの由布院**』中谷 健太郎（2006 年 ふきのとう書房）
30 代だった二人が学んだ書物。著書の中谷氏の軽妙な語り口が印象的で、由布院の雰囲気が感じられる事実の紹介だけでなく、ドラマの脚本のような温かいセリフで綴られるエピソード集。二人はこれを読んで、「いい意味で肩から力が抜けた」と言う。

『**まちづくりと景観**』 田村 明（2005 年 岩波新書）
横浜市のまちづくりを指揮した田村明氏が、まちづくりの先進事例を取り上げた 1 冊。冒頭で小布施の町並み修景事業について詳しく書かれている。

『**街並みの美学**』 芦原 義信（2001 年 岩波書店）
建築家の目線から、世界各地の街並みを比較・分析して論じられている。イタリア市街に見られる入り隅構造の心地よさ、街頭看板やのぼり旗による景観の破壊など、町並み修景事業や小布施の町並みに与えた示唆も大きい。良三と次夫が教科書として影響を受けたと言う 1 冊。

磯野 謙（ISONO KEN）

自然電力株式会社 代表取締役

1981 年、長野県高山村生まれ。長野県、米
ロサンゼルスで自然に囲まれた子ども時代を
過ごす。大学 4 年次に 30 カ国を巡る旅に出
て、そこで深刻な環境問題・社会問題を目の
当たりにする。大学卒業後、株式会社リクルー
トにて広告営業を担当。その後、風力発電事
業会社に転職し、全国の風力発電所の開発・
建設・メンテナンス事業に従事。2011 年 6 月、
前職の同僚と自然電力株式会社を設立、代表
取締役に就任。2017 年に小布施町にて小水
力発電所を創設し、2018 年ながの電力を設
立。慶應義塾大学環境情報学部卒業、コロン
ビアビジネススクール・ロンドンビジネスス
クール MBA。

小布施 まちづくりのセンス
——二人の市村

初版第1刷発行　2023年（令和5年）12月19日

著者	**磯野　謙**
発行	**文屋**　代表**木下　豊**
	〒381-0204　長野県上高井郡小布施町飯田45
	TEL：026-242-6512　FAX：026-242-6513
	http://www.e-denen.net
	E-mail:bunya@e-denen.net
発売	**サンクチュアリ出版**
	〒113-0023　東京都文京区向丘2-14-9
	TEL：03-5834-2507　FAX：03-5834-2508
	http://www.sanctuarybooks.jp
編集	大宮 まり子
編集協力	塩澤　耕平
装丁・組版	奥田　亮（燕游舎）